酷科学 KU KEXUE JIEDU SHENGMING MIMA
解读生命密码

神奇无比的
仿生技术

王　建◎主编

时代出版传媒股份有限公司
安徽美术出版社
全国百佳图书出版单位

图书在版编目（CIP）数据

神奇无比的仿生技术/王建主编．—合肥：安徽美术出版社，
2013.3（2021.11 重印）

（酷科学．解读生命密码）

ISBN 978 - 7 - 5398 - 3549 - 5

Ⅰ．①神… Ⅱ．①王… Ⅲ．①仿生 - 青年读物②仿生 -
少年读物 Ⅳ．①Q811 - 49

中国版本图书馆 CIP 数据核字（2013）第 044127 号

酷 科 学 · 解 读 生 命 密 码
神 奇 无 比 的 仿 生 技 术

王建 主编

出 版 人：王训海

责任编辑：张婷婷

责任校对：倪雯莹

封面设计：三棵树设计工作组

版式设计：李 超

责任印制：缪振光

出版发行：时代出版传媒股份有限公司

安徽美术出版社（http://www.ahmscbs.com）

地 址：合肥市政务文化新区翡翠路 1118 号出版传媒广场 14 层

邮 编：230071

销售热线：0551-63533604 0551-63533690

印 制：河北省三河市人民印务有限公司

开 本：787mm × 1092mm 1/16 印 张：14

版 次：2013 年 4 月第 1 版 2021 年 11 月第 3 次印刷

书 号：ISBN 978 - 7 - 5398 - 3549 - 5

定 价：42.00 元

　　仿生学是生物学和工程技术学结合在一起，互相渗透孕育出的一门新生的边缘学科。

　　自古以来，自然界就是人类各种技术思想、工程原理及重大发明的源泉。种类繁多的生物界经过亿万年的优胜劣汰的进化过程，使它们能适应环境的变化，从而得到生存和发展，也因此造就了它们千奇百怪的形态和功能。在这方面，作为"万物之灵"的人类处于劣势，但人类拥有其他生物望尘莫及的智慧。为了弥补自身的不足，聪明的人类开始了向这些生物的学习。见鱼儿在水中有自由来去的本领，人们就模仿鱼类的形体造船，以木桨模仿鱼类的鳍。见鸟儿展翅翱翔于空中，人们就研究鸟的身体结构并认真观察鸟类的飞行，开始人造飞行器的研制和试验。模仿海豚皮肤的沟槽结构，把人工海豚皮包敷在舰船的外壳上，以减少航行湍流，提高航行速度。模仿蚕吐丝的过程，人工制取纤维。对昆虫性信息素的研究和提取，人为释放性信息素，诱捕农业害虫，还可以把性信息素和黏胶、灯光、水盆、杀虫剂和化学不育剂等结合使用，消灭大量害虫。

　　随着相关学科的深入发展，仿生学也得到进一步发展，人类的仿生技术进入了一个突飞猛进的时代，例如人工基因重组、转基因技术是自然重组、基因转移的模仿；天然药物分子、生物高分子的人工合成是分子水平的仿生；人工神经元、神经网络是细胞系统水平的仿生。可以说，人类的仿生技术已经达到了一定高度，其研究成果也大量应用于生产生活以及科研等多个领域。但是由于生物系统的复杂性，弄清某种生物系统的机制需要相当长的研究周期，而且解决实际问题还需要多学科长时间的密切协作，所以人类的仿生之路还很漫长。

CONTENTS

神奇无比的仿生技术

生物的奇功

　　人类虽然处在生物进化的最顶端，有着其他生物无可比拟的智力。但在很多方面，人类较之其他生物又远远不如，比如在视力、听觉、嗅觉以及方向定位等方面，低等生物要比人类优越、先进得多。这些神奇的功能是生物在漫长的历史进化过程中适应环境的结果。

◆ 神眼揽胜

一般认为，人眼是生物界最完善的眼睛，它能确定深度、距离、物体的相对形状和大小，以及一系列其他参量。其实，与形形色色的生物眼相比，人眼平平无奇。

你知道吗

复眼

复眼是相对于单眼而言的，它由多数小眼组成。每个小眼都有角膜、色素细胞、视网膜细胞、视杆等结构，是一个独立的感光单位。

有的动物的眼睛看起来很小，实际上它们神通广大！蜜蜂有5只眼睛，3只长在头甲里（称为单眼），2只长在头的两侧（称为复眼）。鲎有4只眼睛，2只小眼在头部前方，2只复眼长在头部两侧。苍蝇有5只眼睛，3只单眼长在头脊部，2只复眼长在头部两侧。一般来说昆虫类的眼睛大多是复眼，结构也大同小异。复眼由许多小眼构成，复眼越大，小眼越多，视力越强，清晰度也越高。

◎ 捕捉瞬间变幻的蛙眼

与人一样，青蛙主要通过眼睛获得关于周围世界的信息。它能迅速地发现运动目标，确定目标在某一时刻的位置、运动方向和速度，并且立刻选择最佳的攻击时间。

青蛙为什么有这个功能呢？研究者们发现，蛙眼有4类神经纤维，即4种检测器，它们分别主管辨认、抽取、输入、视网膜图像这4种特征中的1种。

在蛙的实际生活中，这4种检测器是同时工作的。每种检测器都把自己

蛙　眼

抽取的图像特征传送到蛙脑中的视觉中枢——视顶盖。在视顶盖，视神经细胞由上而下分别为：反差变化检测器神经元终止于上层，它抽取图像的暗前缘和后缘；其次是运动凸边检测器，它检测向视野中心运动的暗凸边；再次是抽取前缘的变暗检测器神经元的终止处。每层里都产生图像的 1 种特征，4 层里的特征叠加一起，结果得到青蛙所看见的综合图像。这好比画人脸一样：先草绘头的轮廓，再画眼睛、鼻、耳、嘴和头发，然后涂颜色，最后衬光线，使图像具有立体感。如果将这些步骤分开来做，每一步画在一张透明纸上，再把 4 张纸重叠在一起，即得到人脸的图像。

◎ 鲎的紫外眼睛

不久前，科学工作者在研究鲎——一种海洋节肢动物时，发现它的眼睛有一种宝贵的性质。这种动物生活在亚洲东海岸、中美洲和北美洲及大西洋沿岸。在我国的东南沿海，都有这种动物，叫作中国鲎。它们在浅海里游泳，在海底爬行，或埋没在泥沙里。它的形态像蟹类，但却同蜘蛛和蝎子类似，在海洋中的首批鱼类还没出现之前，它就已经存在了。尽管漫长的岁月流逝，鲎在进化上的变化却不大，故有"活化石"之称。

鲎有 4 只眼睛。头胸甲前

鲎

面的 2 只小眼，直径是 0.5 毫米左右，但都有自己的晶状体和视网膜。它们对近紫外辐射最敏感，但在停止刺激后反应很快降为 0。

因此，人们认为这种小眼是监视紫外线突然增多的感受器。对鲎的行为影响最大的是它两侧的复眼。鲎的复眼很像昆虫的复眼，但其中包括 1000 个小眼。鲎眼的每个感光细胞都有自己的透镜，将投射其上的光聚焦，沿神经末梢通到这些感光细胞上，在这里，光能转变为产生脉冲的电化学能。脉冲沿轴传递到脑做最后的加工。

人们模仿鲎眼视神经之间的相互抑制作用，研制成功一种电模型，它是一台专门的模拟机，能解 10 个元素构成的网络方程。如果把某个本来很模糊的图像（X 光照片、航空照片、月亮的照片等）展示给这台模型，图像就好像被聚焦了，边缘轮廓显得格外鲜明。应用这个原理制成的电视摄影机，能在微弱的光线下提供清晰度很高的电视影像。同样，也可以用这样的方法来提高雷达的显示灵敏度。

◎ 鸽子的眼定向

鸽子

鸽子的眼睛可称之为"神目"，能在人眼看不见的距离发现飞翔的老鹰。重复类似研究青蛙视觉系统的实验，发现鸽子的视网膜有 6 种神经节细胞（检测器），分别对刺激图形的某些特征产生特殊的反应。

这 6 种检测器和相应抽取的图像特征是：①亮度，②凸边，③垂直边，④边缘，⑤方向运动，⑥水平边。其中方向运动检测器只对自上而下，而不对自下而上运动的任何刺激物体发生反应；水平边检测器对光点刺激不发生反应，却只对横过感受域的水平边向上或向下运动发生反应。

鸽眼还有个奇特的功能，它具有定向活动的特征，当它注视从东向西的飞行目标时，从西向东飞的目标就不会引起它的反应。

◎ 能前瞻后视的变色龙

非洲有一种叫避役的爬行动物。它有变色的本领，所以人们又叫它变色龙。它的两只眼睛能够单独活动而互不牵制，当一只眼睛向上或向前看时，另一只眼睛却可以向下或向后看。这样它既可以用一只眼睛注视猎物的动静，又可以用另一只眼睛去搜寻新的猎物。

你知道吗

变色龙变色的原因

变色龙变色取决于皮肤三层色素细胞。最深的一层是由载黑素细胞构成，其中细胞带有的黑色素可与上一层细胞相互交融；中间层是由鸟嘌呤细胞构成，它主要调控暗蓝色素；最外层细胞则主要是黄色素和红色素。色素细胞在神经的刺激下会使色素在各层之间交融变换，实现变色龙身体颜色的多种变化。

◎ 螳螂的目光如电

夏天，螳螂穿着"伪装服"，前足举在胸前，悄悄地隐蔽在树荫、草丛之中。一有小虫出现，它的前足猛然一击，将昆虫一举捕获。它动作非常迅速，整个过程只有 0.05 秒。螳螂这样的发现和瞄准系统，使人类创造的上吨重的跟踪系统也为之相形见绌。

螳　螂

◎ 能精确分辨时间的复眼

昆虫的复眼一般含有 5000～10 000 个视觉单位，即小眼，这些小眼具有蜂窝状构造，一起构成了近似半球状的视野。昆虫的复眼虽然在空间上的分辨率比脊椎动物差，可是它们却具有极高的时间分辨率，它们都是特别的速度计。有一种象鼻虫，根据目标从它复眼的一点移动到另一点所需要的时间，便能计算出自己相对于地面的飞行速度。正因为这样，它的着陆动作十分完美，既不会飞得太慢而失速，也不会飞得太快而过头。

有些昆虫的眼睛不仅能感受可见光，而且能感受我们人眼看不见的光线。现已查明，蜜蜂、蝇类、蚂蚁和蝴蝶等都可以清楚地看见紫外线。许多夜间活动的昆虫还能发射"紫外雷达"来探索周围环境。因此，研究和模仿昆虫的"紫外眼"也就具有一定的军事意义。

◎ 功能奇特的各种眼睛

有一种形似鳄鱼的爬行动物叫鳄蜥，除了在头部的两侧有一对眼睛外，在头部中央还生有一只"颅顶眼"。鳄蜥少壮时，这只眼睛能准确地观察外界事物，一旦年老，便逐渐退化，失去作用。鳄鱼的眼睛可水陆两用，它的眼睛除了有上下眼皮外，还有一个透明的"第三眼皮"。在岸上，它把这层眼睛皮收进去，到水里就放下，防止水入眼中。

树须鱼由于长期生活在深水中，眼睛已经退化，视力消失，变成了睁眼瞎。它靠嘴巴上长出的"小树枝"——触须，来探测环境，搜捕食物。深海中的巨尾鱼，眼睛长得特别大，特别凸，活像一具望远镜。如果没有这副"望远镜"，它什么也看不见。

深海中的发光鱼，在眼睛的上方长着一根"钓竿"，钓竿顶上带着的"诱饵"，一闪一闪地发着光，馋嘴的小鱼一上钩，就成了它的美餐。比目鱼生活在海底的沙滩上，身子的一侧总贴着海底，所以它两只鼓鼓的眼睛全长在向上的侧头顶上。四眼鱼生活在接近水面的地方。它眼睛分成上下两半，中间有一层隔膜隔开，上面两只眼睛看天空，下面两只眼睛看水中。沙蟹的眼睛长在长柄顶端，有如潜望镜，能俯视平坦沙地的敌人和猎物，若有危险，它就把眼睛柄横折入壳前端的凹槽中，迅速逃入洞穴。

豉虫生活在水上，从外表看只有两只眼睛，但每只眼睛的角膜分成上下两部分，实际上有 4 只眼睛，上面的 2 只眼睛观察水面上的东西，下面的 2 只眼睛观察水下的东西。一般的蜘蛛只有 6 只眼睛，但虎蜘蛛却有 8 只，它不会结网，这就需要有广阔的视野，8 只眼睛一齐看，可以做到"眼观八方"了。鹰眼的敏锐程度在鸟类中是名列前茅的，而且视野非常开阔，即便在高空飞翔，也能一下子发现地面上的猎物。

虎蜘蛛

蜻蜓有一只宝石般明亮的、突出的复眼，构造精巧，功能奇异，由很多只表面呈六角形的"小眼"紧密排列组合而成。每只小眼都自成体系，都有自己的趋光系统和感觉细胞，都能看东西。

👁 顺风耳

◎ 人的听力有多强

自然界存在的声音比我们能听到的要多得多，事实上，自然界的一切声音，我们可以听到的还不到 10%。超出我们听觉的其余声音是可以记录下来的。

有些科学家认为，人类的耳朵可以听见超声波，但他们是在室内用实验加以证明的。声源放在每个受试者的额头或耳朵后面的乳突上，这就意味着，振动是通过颅骨，而不是通过正常通道——空气和外耳传导的。这种情况在一般条件下是碰不到的。他们认为，如果声音频率具有足够大的强度在水中传播的话，那么正在游泳的人就能将这个高频率的声音通过与水接触的颅骨传导到他的声音记录中枢。

拓展阅读

感受声音

人对声音不光是靠耳朵听到的，而且还有奇特的感应力。医学研究发现人对 15 赫兹以下 22 千赫兹以上的声音有奇特的感应力，会给人以身体和神经方面的刺激。

人类的耳朵经受声音的强度和响度的范围极大，但较大强度的噪音会使精巧的耳朵机能产生永久性损伤。我们对动物所能忍受的噪音强度还不大清楚，但可推测出这个强度范围的变化肯定比人大。

对有些动物进行观察发现，使人们感觉很不舒服的响度对这些动物似乎并不打扰。例如，海豹在水中发出的叫声可以使潜水员感到非常不适，然而对其他海豹却无多大影响。

◎ 地下窃听专家的耳朵

在夜间捕食的大多数动物，一般都有较大的耳朵和灵敏的听觉中枢。就以非洲发现的土猪为例，这种土猪以食蚂蚁为生。它有一对耳朵和一个笨重的长鼻子。别看它长相奇丑，然而却是非常有本领的动物之一。它那善于四方转动的长耳朵可以听到蚂蚁的活动声，在静寂的夜晚，当土猪听到这些声音后，就毫不留情地把它们挖出来吃得

指　猴

精光。

　　还有一些习性、行为相类似的其他动物，例如指猴，它能听到钻木甲虫幼体的活动声，继而用前肢上很细的中指将它们挖出来。更奇妙的是非洲的蝙蝠耳狐，它以吃白蚁和其他昆虫为生，偶尔也吃水果或小脊椎动物，它的每只耳朵和头一样大。非洲北部的一种小狐也有同样大的耳朵，并且是一个出色的搜捕者，在黑暗中它能听到鼠类、鸟类、蜥蜴或昆虫发出的最轻微的活动声，甚至能听到它们的呼吸声。

　　经常生活在地洞中的动物（像鼹鼠）和一些在夜间离开巢穴的动物，几乎看不见它们的耳朵，只有一个没有耳廓的小孔，有的还被软毛覆盖着，那些软毛可以防止洞穴中的灰尘堵塞耳朵。

　　当然，这种结构对听觉有一定影响，但它可以得到从地面传来的、通过骨骼和颅骨直接达到内耳的低频振动，从而弥补结构上的不足。

▶ 敏锐的鼻子

◎ 狗和鳗鱼的精确鼻子

　　动物神奇的不仅是眼和耳，还有鼻子。最典型的是狗的鼻子，它能嗅出200 万种并且浓度不同的物质的气味。

　　有一种鳗鱼的嗅觉也很发达，如果在湖水中均匀地混入几微克的酒精，那么这种鳗鱼也能从中嗅出酒精的气味来，甚至稀释至十万分之一的苯甲乙酸就能把鱼吓跑。

鳗　鱼

◎ 灵敏的老鼠鼻子

老鼠一到夜间，就依靠它的鼻子，鬼鬼祟祟地出来偷食，往往贪吃鼠夹子上的食物而丧命，奇怪的是，一旦这个鼠夹子夹死一只老鼠以后，往往很长时间，没有老鼠再来上当受骗。

这是为什么？原来，老鼠出洞总是沿着一定的路线活动，比如沿着墙壁或其他物体的边缘边闻边跑，渐渐跑向带有食物的鼠夹子。前边一只老鼠闻到了鼠夹上香气扑鼻的诱饵，上钩丧命。随后，它分泌一种带有特殊气味的化学物质，似乎警告其他老鼠：这里危险，不要靠近！它们个个都提高了警惕性，再也不到鼠夹上去寻找食物了。直到这个鼠夹子上的尸体气味完全消失了，使用才有效。

老鼠有着十分灵敏的嗅觉

国外最近分离出了一种"老鼠芳香质"。这种东西香气浓烈，是老鼠喜欢闻的气味。把它涂到鼠夹上，老鼠闻到以后，以为这里一定有它们喜欢吃的美味，纷纷出洞，可是，迎接它们的只有气味和毫不客气的致命打击。

◎ 苍蝇的逐臭术

凡是腥臭污秽之处，苍蝇无不追逐而至。其实苍蝇的嗅觉器官是非常发达的，它的嗅觉感受器分布在触角上，每个感受器是一个小腔，它与外界沟通，含有感觉神经元树突的嗅觉杆突入其中。

这种嗅觉感受器非常灵敏，因为每个小腔内都有上万个神经元。用各种化学物质的蒸气作用于苍蝇的触角，从头部神经节引导生物电位时，可记录到不同气味的物质产生的电信号，并能测量神经脉冲的振幅和频率。

知识小链接

神经脉冲以单一方向前进

当神经脉冲由一个神经元传到另外一个神经元时，会经过一处叫突触的地方。突触就像是两个接触点之间的一道缝，当神经脉冲传到这道缝时，会产生一些化学物质，然后扩散过去，这样就能确保神经脉冲能以单一方向前进。

◎ 鲨鱼的嗅觉中枢

鲨鱼一般都有非常敏锐的嗅觉，特别是对血；鲨鱼脑中有一个很大的区域是嗅觉中枢，许多种鲨鱼的嗅觉中枢占整个脑的 2/3。这就使鲨鱼不仅能嗅到距离很远的气味，而且能在汪洋大海中嗅到非常微弱的气味。

电脑图的记录还能告诉我们，鲨鱼对哪些气味有反应，从而丰富了我

鲨 鱼

们的知识。有些实验结果对捕鱼者来说是非常有用的，这些结果表明，不但是血，就连金枪鱼的肉对鲨鱼也有着极大的吸引力。

◎ 左右摇摆——天才的嗅觉寻找方式

鲨鱼靠左右摇摆着头来辨别气味来源的精确方向。两个鼻孔分析不同浓度的气味，就像两只耳朵辨别不同的声音一样，它总是朝着浓度大的一边游去。堵住一个鼻孔就会使鲨鱼团团转。动物的两个鼻孔分得很开，这是很合理的结构，便于它们在黑暗中发现食物。

◎ 入地三分的嗅觉

有种不会飞的无翼鸟是以吃食蠕虫为生的夜间动物。它们在吃周围的虫

子时显得特别活跃。虽然蠕虫躲在地底下能逃避许多鸟类、两栖类、爬虫类、和以蠕虫为美味的其他动物，但却逃不出无翼鸟的掌心。这种鸟的长嘴尖端有鼻孔，当地面没有昆虫时，它就把那探针似的长尖嘴扎进地面，像鼹鼠一样，根据蠕虫的气味来寻找，并熟练地将其逮出来。

此外，它长嘴的上端也像大多数其他的鸟类那样有鼻孔，这对无翼鸟来说是非常有益的。

◎ 灵敏的昆虫"鼻子"

昆虫是没有鼻子的，但人们常把昆虫头上的一对须须——触角叫作昆虫的鼻子。这是因为在昆虫的触角上密布着数以千计的大小不一、形状不同的微型"鼻子"——嗅觉窝，即嗅觉器。蝇类的一根触角上大约有3600个这种微型"鼻子"；蜜蜂可有 4000 ~ 30 000 个这种嗅觉器；有种金龟子雌虫有35 000个嗅觉器，而雄虫可达 40 000 个之多。每个嗅觉窝内都分布着很多神经末梢，直接与脑神经中枢相连，它们就象人的鼻子一样能闻到各种气味，所以昆虫总是不停地舞动这两根须须，东嗅西闻，寻找猎物。

昆虫的嗅觉非常灵敏，盛开的鲜花发出芬芳的香味，会引来许多蜜蜂采蜜授粉；一条臭鱼扔在地上，过不了多久就会招来一大群苍蝇；梨天蚕蛾的雄虫竟能闻到远在 8 公里以外雌虫所散发的特殊气味，而兴冲冲地赶去幽会。这样灵敏的"鼻子"，就是高等哺乳动物的真正的鼻子也是望尘莫及的。除触角外，昆虫的下唇须、下颚须上也布有这种嗅觉器。

触角这种特殊的"鼻子"，对于昆虫的生活是十分重要的。昆虫不但用它来寻找食物，而且还用它来寻找配偶和识别同伴。囚禁在罩笼内的蟑螂能很快判别出放在笼内的糖是可吃的，而木屑是不可以吃的，因为糖和木屑有不同的气味。然而去掉它的触角，这只蟑螂就无法辨清糖和木屑。碰到木屑也会乱啃。蚂蚁是根据自己蚁群的特殊气味来识别同伴的，如有外来的蚂蚁闯入，就会群起而攻之，把它杀死。然而切去蚂蚁的触角，即使是亲如手足的同胞兄弟之间也会展开剧烈的厮杀。雄蛾能追逐相隔很远的雌蛾，是由于闻到雌蛾所分泌的性信息素的缘故，而割掉了触角的雄蛾竟然不知道去亲昵近在咫尺的"未婚妻"。

昆虫种类繁多，它们"鼻子"的形状也各不相同。蟋蟀、螽斯的触角又细又长，叫丝状触角。蝶类的触角象根打垒球的棒头，所以叫棍棒状触角。白蚁的触角恰似一串珠子，称念珠状触角。金龟子的触角似鱼鳃，叫鳃状触角。蜂类触角呈膝状弯曲，叫膝状触角。此外，还有刚毛状、羽状、锯齿状以及其他不规则形状的触角，五花八门，千变万化。即使是同种昆虫，雌虫和雄虫的触角形状也会不同，一般说雄虫的触角比雌虫的长、复杂和发达。

你知道吗

昆虫触角的特殊作用

昆虫的"鼻子"除有嗅觉作用外，还有其他特殊的用途。雄蚊触角上的江氏器官特别发达，能感受声波的刺激，因而有听觉功能。这种江氏器官对频率为350赫左右的声音极为敏感，这正好与雌蚊飞行时翅膀振动所发出的声音频率相同，所以触角就成了雄蚊寻找配偶的特殊听觉器。蝇类触角芒上的江氏器官也有相同的功用。芫菁雄虫的触角则是交尾的辅助工具，在交尾时能紧紧抱住雌虫。

◎ 为什么动物鼻子比人灵敏

为什么很多动物的嗅觉器官比人类发达呢？从解剖学的观点看，人脑属于"新脑"，大脑皮质高度发达，而嗅叶则萎缩，仅留下一个很小的嗅球，鼻腔内，嗅膜面积较小，嗅觉细胞也较少。而动物脑属于"古脑"，很多哺乳动物的大脑有很大的嗅叶，鼻腔因嗅觉需要，充分发育，鼻内有较大的嗅区。

嗅觉是怎样引起的？当空气中的气味分子接触嗅觉感受器后，就刺激嗅觉细胞，嗅觉细胞将刺激迅速转换为输入脉冲信号，由嗅觉神经传到大脑嗅区。

动物的嗅觉之所以特别灵敏，不但说明动物的嗅觉感受器有极其敏感的接受能力，也告诉我们：动物大脑的嗅区有高超的终端识别力。

◎ 象甩鼻子猪拱地——鼻有其妙

去过坦桑尼亚天然动物园的人，有时在其原野上能看到一个奇怪的现象：大象常常高举起鼻子，好像向空中搜索什么似的。它在干什么？

原来象的视觉很差，而嗅觉和味觉却十分发达。大象高举起鼻子，就是在搜索空气中的"气味情报"，根据气味来判断附近有没有其他动物走近，以思索

大象

"对策"。当大象还没有闻到异常的气味时，它往往疑虑重重、踌躇不前。

趣味点击 十二生肖之末——猪

在天宫排生肖那天，猪自知笨重、行走慢，便半夜起床赶去排队当生肖。但由于路途实在太遥远，等猪辛辛苦苦爬到南天门，排生肖的时辰已过。猪苦苦央求，最后终于感动了天神，把猪放进南天门，当上了最后一名生肖。

猪拿鼻子拱来拱去的，就是凭嗅觉去找东西吃。有人曾把243种蔬菜放在猪的面前，猪就专拣其中72种好吃的吃，不好吃的，它碰也不碰，这样看来，猪也有聪明之处呢！

◎ 动物嗅觉妙用

动物嗅觉发达，是因为它们要靠嗅觉觅食、逃避危险和追踪猎物，另外，还得靠它进行信息交流。动物间的交流，是通过发出化学气味来进行的，这就是动物间的"化学语言"，也叫化学信息素。蚂蚁、蜜蜂等昆虫就是利用气味来区分敌友、猎取食物、传递消息、发出警报、决定行

动、寻找配偶和促进发育的，离开了气味，这些动物就不能生存。

一只雌蚕蛾发出的性引诱素气味，可引诱远在 2500 米以外的雄蚕蛾飞来。有的雄昆虫在交配前会产生像柠檬、花朵、巧克力、麝香那样的香味，以招来雌昆虫。雌狗发情时会分泌出苯甲酸酯的化学气味来吸引异性。

☞ 超级导航功夫

◎ 海豚的定位本领

如果我们把海豚捕来饲养在水池中，就会发现，无论白天还是黑夜，它们都能成功地捕到鱼吃。原来，它们也有自己的声呐设备。当水池中的海豚觅食时，用水听器能听到轻微的"吱吱"声。

> **基本小知识**
>
> ### 声　呐
>
> 声呐就是利用水中声波对水下目标进行探测、定位和通信的电子设备，是水声学中应用最广泛、最重要的一种装置。声呐分主动式和被动式两种类型。

有人做过这样的实验：把丧失知觉的小鱼，从停泊于贮水池边的小船上不声不响地放入水中，水池中的海豚便径直游向小鱼，且自始至终地发出"吱吱"声。这时候，水很浑浊，无论如何也不可能从远处看见鱼（实验是在夜间进行

海　豚

的）。如果海豚已经游过小船，人们小心地把鱼放入小船的另一边，它会立即折转回来。

海豚用声音分辨目标的本领也是很高的。如果我们用橡皮吸杯蒙住海豚的眼睛，它仍能准确辨认物体的大小和形状，每次都冲向它的食物，而不是冲向同样大小和形状的充满水的塑料瓶子。令人吃惊的是，海豚竟能分辨3千米以外的鱼的性质。海豚还能识别不同的金属，甚至当不同金属有同一强度的回声时，也能区别出来。

◎ 靠水温定位的阿洛沙鱼

阿洛沙鱼是鲱鱼科中最大的鱼类，体长50厘米，体重2千克左右，阿洛沙鱼诞生在淡水河中，以后转移到海里，在性成熟以前生活在海洋里，最后返回河川中产卵。阿洛沙鱼成群地栖息在美国的大西洋沿岸，每年返回河川，它们年复一年地遵照相差不到几天的日程游出和游入河川，曾令科学家们十分迷惑。后来科学家在鱼背上安上水声发生器，用于了解它们的游踪，结果发现，阿洛沙成鱼是按照一定的海路和夏季时刻表汇入诞生地——产卵的故乡河川的。不管是在海洋中还是在江河中，阿洛沙鱼总是在相当狭窄的一定温度范围水域活动，这个温度范围是13℃～19℃，为了满足这个温度的生活范围，阿洛沙鱼在春季成群结队地北上，秋季则南下，因为沿途的水温是随季节而变化的。由于这样的移动，当其出生地故乡河川的水温达到产卵和孵卵的最适宜温度时，阿洛沙鱼就会返乡。

基本小知识

大西洋

大西洋是世界第二大洋，古名阿特拉斯海，该名称起源于希腊神话中的双肩负天的大力士神阿特拉斯。大西洋位于欧洲、非洲与北美、南美之间，北接北冰洋，南接南极洲，西南与太平洋为界，东南与印度洋为界。包括属海的面积约为9431.4万平方公里。

◎ 靠太阳定位的蜜蜂

蜜蜂是以辛勤的劳动著称的，我们吃的蜂蜜就是它们的产品。现在已知，蜜蜂是具有天然偏光导航仪和生物钟的典型代表。

蜜蜂是怎样确定太阳方位的呢？蜜蜂共有 5 只眼：头两侧有 2 只复眼；另外 3 只生长在头甲上，叫单眼，现在证明它们起光度计的作用。换言之，单眼是照明强度的感受器，它们决定蜜蜂早晨飞出去和晚上归巢的时间，复眼中的每个小眼由感光细胞组成，并作辐射状排列。实验证明，蜜蜂正是利用这些小眼感受太阳偏振光，并据此来定向的。

蜜　蜂

◎ 昆虫的偏移修正系统

苍蝇的楫翅（平衡棒）能调节自身翅膀向后返回的运动，并保持虫体的紧张性。但楫翅最重要的功能是作为振动陀螺仪——在飞行中使之保持航向而不偏离的导航系统，它是自然界中的天然导航仪。

大家知道陀螺转动时，它的轴总是朝着某一个方向不变的。苍蝇飞行时，楫翅以很高的频率振动着，这种振动产生陀螺效应，使之飞行中能保持稳定。当偏离航向时，楫翅产生扭转振动，这个变化被其基部的感觉器感受，并把偏离信号发送到大脑。大脑分析了发来的信号后，发出改变该侧翅膀运动速度的指令，于是把偏离的航向纠正过来了，大多数双翅昆虫都有这种功能。

◎ 长途旅行者的本领

在千百万年以前，动物就具有卓有成效的导航本领，其"导航仪器"的小巧性、灵敏性和可靠性，至今仍然使人们惊叹不已。鸟、鱼、鲸和海龟等都能在空中或海上行进很远的距离，并准确无误地到达目的地。例如，有一

种中等大小的鸟，叫北极燕鸥，它营巢北极而在南极越冬，每年飞行 4 万多千米。一些科学家认为，鸟类可以通过本地的地球磁场，来确定自己的绝对位置和相对位置。鸽子也有卓越的航行本领，信鸽一般能从 200 ~ 2000 千米以外的地方飞回鸽舍。

拓展思考

鸟类识途的原因

鸟类能将太阳作为罗盘确定方向。进一步的研究发现，鸽子在晴天会用太阳作为罗盘，但是当太阳不可见时，它们就主要参考感应到的地磁信号了。那些在黎明和黄昏时分行动的候鸟，很有可能是通过日出和日落时的偏振光来确定方向的。

绿海龟是有名的航海能手。每年 3 月，当产卵季节到来时，它们便成群结队从巴西沿海向距离巴西很远的小岛爬行。

但是，海龟却能准确无误地找到它。它们在岛上产卵后，6 月，又爬入波涛汹涌的大海，踏上返回巴西的漫长征途。孵化出来的幼龟也游回巴西沿海，它们长大后再回"故乡岛"上产卵。

在北海道、千岛、萨哈林岛、勘察加半岛、阿拉斯加以及美国的西海岸等地都是捕捞鲑鱼的渔场，鲑鱼在与这些海域相通的河流上游产卵，卵变成仔鱼后，同春天融化的雪水一起顺着河水游入大海。到达大海后，鲑鱼又沿着一定的路线，历时 3 年，行程 5000 多千米，最后鲑鱼一定要返回自己最初的出生地，产卵后死去。

北极燕鸥

◎ 鸟类的观星导航天才

人们对某些鸟类一年两次世界范围的迁徙，已经注意若干世纪了。这些鸟类是怎么识别路途呢？在茫茫大海上行船，没有导航仪器是不可想象的事，古往今来，多少航船因导航失灵而遇难，多少航海者因迷失方向而丧生。因此，为了解决海上导航问题，人们不惜耗费巨资来研制各种精密仪器。

然而，在海洋上定期迁徙的海鸟却天生具备准确的导航性能，它们总能够准确无误地抵达目的地。像北极燕鸥，每隔 2 年就要进行一次从北极到南极的长途旅行，若没有高超的导航本领，是无法完成这漫长的旅途的。那么这些海鸟在一望无际的大海上空飞行，是靠什么来导航的呢？这是一个颇有研究价值的问题，人们做了各种各样的试验进行观察和研究。有人将出生在英国的海鸥分别送到欧洲大陆各个地方放掉。结果发现，当天气晴朗的时候，这些被放掉的海鸥都不约而同地朝着它们的出生地飞去。

海 鸥

有些海鸟在旅途中是昼夜兼程，人们为了观察它们在夜间的飞行情况，在这些海鸟身上系上小灯泡进行试验，结果发现，在月朗星稀的夜里，海鸟总是毫不犹豫地直接朝故乡的方向飞去。而当星空阴云密布的时候，情况就不同了，许多海鸟显得不知所为，进行毫无目的地盘旋和起降，直到天气转晴，才又恢复正常的飞行。根据这些现象，人们开始猜测，海鸟很可能是依靠星象来导航的。

为了证实这一点，科学家们设计了一个可以由人工控制的人造"星空"，将捕到的海鸟置于其中。果然，海鸟就像自然环境里一样，准确地调整了自己的飞行方向。尤其当"星空"出现与其出生地相似景象时，它们更显得异常兴奋，表现出跃跃欲飞的架势。这个实验证实了海鸟是根据星象来进行定位的推测。

海鸟为什么会有这种特殊的生理机能呢？有些科学家提出，光照周期可能是其中的关键因素。他们认为，所有的海鸟体内都有生物钟，这些生物钟始终保持着与它们出生地或摄食地相同的太阳节律。

现在还有一种比较流行的理论认为，鸟类的迁徙习性是史前时期觅食困难造成的，为了寻找食物，鸟儿不得不进行周期性的长途旅行。这样年复一年，世世代代，经过漫长的演化过程，各种迁徙习性记录在它们的基因遗传密码上，然后通过核酸分子一代一代传了下来。像那些很早就被它们父母抛弃了的幼鸟在没有成鸟带领，也没有任何迁徙经验的情况下，竟能成功地飞行几千里，抵达它们从未到过的冬季摄食地。看来鸟类这种内在的迁徙本领只能用遗传来解释了。

另外，我们知道，在星象导航中最重要的条件莫过于星星的位置了。然而天体却并不是永恒不变的，像我们地球所属的太阳系就有许多昼夜运行着的行星。那些利用星象导航的海鸟为什么不会被这些明亮的运行行星所迷惑呢？至今人们尚未揭开其中的奥秘。

在研究中，人们还发现，海鸟除了利用星象导航以外，它们的红外敏感性、对地球电磁场的反应，以及它们的嗅觉和回声定位系统可能也在导航中起了一定的作用。不过就目前来看，似乎可以说星象是海鸟赖以导航的主要依据。

◎ 一直向北的南极企鹅

科学家们发现，冬季南极企鹅出海，在冰丛附近捕鱼，每当春回大地的时候，它们便长途跋涉几百公里，重返故乡沿岸的群居繁殖地，这些企鹅总是定居在同一个地方，在没有地面目标的地区，它们是怎样远行的呢?

1959 年，美国科学家在南极捉到 5 只成年企鹅，并在它们身上做了标志，然后把这五只企鹅转移到远离其筑巢地 1900 公里以外被冰雪覆盖的五个不同的地方，结果这五个企鹅全部面向同一个方向前行，10 个月后，这五个企鹅又出现在自己的筑巢

南极企鹅

地，它们靠步行、滑行和游泳，横贯了毫无标志的南极大陆，而且与一般的鸟类依赖体内的指南针不同的是，企鹅在陌生的地方被释放后，全部是向北方前行。为此，另一位美国动物学家还做了另外的观察，发现当乌云遮住太阳的时候，企鹅就会迷失方向而乱走。清晨当把企鹅释放在陌生土地上的时候，它们全都面对太阳的右边方向——北方，12 小时后，南极夏天的太阳虽已转到企鹅的左侧，企鹅却仍朝着北方前行。

这些现象表明，企鹅能够不迷失方向，是以太阳作为定向的，如此推测，企鹅必须具备调整辨识太阳位置的体内生物钟系统，以便能从某一特定时刻的太阳位置推定出哪里是北方。

基本
小知识

南极大陆

南极大陆位于地球的最南端，是南极洲除周围岛屿以外的陆地，是世界上发现最晚的大陆。南极大陆 95% 以上的面积为厚度惊人的冰雪所覆盖，因此，素有"白色大陆"之称。在全球六块大陆中，南极大陆大于澳大利亚大陆，排名第五。

奇特的化学才能

说罢动物的定向之后，现在要讲讲它们的化学本领。这些无师自通的化学家有时的确叫人惊叹。

◎ 海洋贝壳的黏胶

藤壶，是一种海洋甲壳动物，它生活在近岸地带，附着在峭壁上，故能经得起海浪的猛烈冲击；它也常附着在船身上，致使船速变慢。

原来，这种小动物在成熟初期，能分泌一种黏液，可以把它终生固定在一个地方，黏液把它固定得非常牢靠，以至于要把它从船壳上除掉时，往往会把钢屑也带了下来。

拓展阅读

藤壶的受精繁殖

藤壶是雌雄同体，异体受精。由于它们固着不能行动，在生殖期间，必须靠着能伸缩的细管，将精子送入别的藤壶中使卵受精。待卵受精后，经三四个月孵化。

鳄鱼

◎ 未可鄙视的鳄鱼眼泪

古老的传说讲，鳄鱼在吞食牺牲品时总是流着悲痛的眼泪。近年来的研究发现，鳄鱼的"泪水"是很丰富的，但这并不是怜悯，也不是多愁善感，而是排泄出来的盐溶液。

鳄鱼"眼泪"秘密的揭示，是近年来生理科学的一个发现。

我们知道，有些动物的肾脏是不完善的排泄器官，为了从体内排除多余的盐类，它们就发展了帮助肾脏进行工作的特殊腺体。对于鳄鱼来说，这种排泄溶液的腺体正好位于眼睛附近，所以当它们吞食牺牲品时，竟被误认为在流"痛苦"的眼泪了。

◎ 毒蛙之毒

生活在南美洲哥伦比亚的印第安土著，在很古老的时候，就知道热带丛林中的某些蛙类，背部能分泌出一种剧毒物质。猎人用这种蛙毒作为一种箭毒，涂于箭头或矛尖，用以狩猎。但这种剧毒物质的作用究竟是怎样的，印第安人并不感兴趣，科学家也没有弄清楚。后来，有 2 名美国医生做了一系列复杂的研究之后，才弄清楚是怎么回事。

南美洲箭毒蛙

原来，这种被科学家们称之为"蛙毒"的物质，能破坏神经系统的正常活动。这种蛙毒只要有一点点进入兽类体内，就能破坏其体内的离子交换，由神经中枢发出的指令，不能正常到达组织器官，从而导致心脏停止跳动。

◎ 化纤纺织专家——蜘蛛

蜘蛛在雨中结网，为什么不怕雨水打湿？蜘蛛在天花板上吐丝下降时，往往能在半空中戛然而止，这又是什么原因呢？这个谜直到最近才被揭开。有人仔细测试了某些蜘蛛丝的强度和伸长度，结果发现蜘蛛网在潮湿时变得像橡皮筋一样富有弹性。而蜘蛛丝的强度几乎和轮胎中用的尼龙丝一样结实，在断裂时却比尼龙丝伸长 2 倍，所以蜘蛛能在雨中结网，而且结成网后，也

蜘蛛网

不至被每天清晨的露水的重量所破坏。

蜘蛛丝为什么有这种优良的性能？原来这和它的分子形状有着密切的关系。在合成高分子化合物的溶液中，分子呈长链状，像一条柔顺的丝，分子形状有显著的几何不对称性，因此分子排列是杂乱无章的。这种溶液制成的纤维，强度很低，所以在化学纤维的制作中，用外力将刚成形还处于塑性状态的纤维拉伸，就能使纤维中的分子长链顺拉力方向整齐排列。

这种排列整齐的分子能团结一致、承受外力，纤维变得异常坚固。这种通过拉伸使分子取一定方向来提高纤维强度的技术，是上世纪随化学纤维的发展才在纺织工业中得到应用的，而蜘蛛早已不断应用这项拉伸技术了。

蜘蛛吐丝时，也是通过拉伸来提高丝的强度。它有 3 种拉伸方法：①将做丝的液体从下腹后部的一对囊袋中挤出后，蜘蛛丝一端黏附在一个支持物上，如天花板或树枝上，然后利用蜘蛛本身的重量从空中下降，蜘蛛本身下降的速度要大于吐丝速度，这样就将蛛丝拉伸，达到一定强度后，蜘蛛停止吐丝，就能悬在半空；②将蛛丝一端黏附在支持物上后，蜘蛛随即迅速跑开，在走动的过程中将蛛丝拉伸；③蜘蛛利用它的四

你知道吗

世界上最大的蜘蛛 ——格莱斯捕鸟蛛

世界上最大的蜘蛛是生活在南美洲的潮湿森林中的格莱斯捕鸟蛛。格莱斯捕鸟蛛在树林中织网，以网来捕捉自投罗网的鸟类为食。当它咬住猎物时，它先设法使猎物不能动弹，然后，将消化液注入猎物体内，这时，它就可以享受美味了。

条腿，将蛛丝从囊袋中拉出。

🢂 ◎ 动物的化学武器

在动物世界里，很多动物有着非常奇特、厉害的"化学武器"，这种武器是它们赖以御敌、出奇制胜、捕获猎物的法宝。蚊虫在吸血时先向人体注射一种叫甲酸的"麻醉剂"，使人暂时不能觉察它的袭击。待到发现它时，它早已饱餐而去。毒蜘蛛、蝎子、蜈蚣等也有着各自的毒液武器。

蜜蜂的"箭"不仅使人又痒又疼，还会招来其他的蜜蜂群起而攻之。原来，它射出的螫刺和毒腺，不仅能释放出醋酸异戊烷致人痒疼，还能引来其他蜜蜂继续实施攻击。

马蜂蜇人更加厉害。南美洲有一种称为"杀人蜂"的马蜂能叮人致死。更为有趣的是一种无刺的大蜂专以"打家劫舍"为生。蜂群在行动前会派一名"敢死队员"进入普通蜂巢内。这只蜂"阵亡"后立即释放出"告警信息毒"，使巢内的蜂纷纷昏迷，它的同伙则趁机而入，抢掠一空。

古埃及时，蜂毒即被人用来治疗风湿病、皮肤病等。不久前，日本科学家从蜂毒中提出一种对昆虫神经有抑制作用，而对人畜无害的蛋白质，用于防治虫害。

臭鼬能分泌很臭的液体，能使猎犬畏缩不前，猎人也会恶心呕吐。它依靠这种"嗅炮"，使很多敌人退避三舍。在非洲和南亚的森

臭　鼬

林中，一只小鸟突然坠落，原来它被一种眼镜蛇射出的、射程可达 4 米的液体击毙。然而，正享用小鸟的蛇碰上了蛇獴，尽管它连射毒液，却无济于事，很快就被蛇獴吃了。

蛇獴何以不畏蛇毒？原因是它体内能分泌出一种奇特的化学物质，可以

分解毒液。

趣味点击 蛇獴和眼镜蛇的对决

把蛇獴和眼镜蛇放在一起，开始时蛇獴全身的毛竖起来，眼镜蛇盯着蛇獴不敢乱动。蛇獴见蛇伏着不动，便向前去逗弄它。眼镜蛇发怒了，前半身竖起来，颈部膨大，发出"呼呼"的声音，一次一次地把头伸向蛇獴。蛇獴很灵活，躲得很快。等到眼镜蛇筋疲力尽，蛇獴摸到它的身后，出其不意地一口咬住它的脖子，把它咬死，吃了它的肉。

1808 年拿破仑远征西班牙时，很多士兵身上长出奇特的红斑，经检查，这是"炮虫"攻击的结果。这种体长 1 厘米的小甲虫称"炮虫"，遇敌时尾部爆响，射出毒弹并伴有黄色的烟雾和毒气。

犰狳与"炮虫"相比，前者可谓庞然大物，且头尾及脑部都有鳞片。当"炮虫"受犰狳追击时，会连连向犰狳"炮击"，犰狳居然败退不前，落荒而逃。"炮虫"体内有过氧化氢、对苯二酚的化学物质，经过酶的作用迅速分解，生成黄色有毒的对苯醌。由于分解迅速、骤然膨胀，喷射距离竟可达 30 厘米以上，不仅能连发，而且能背向瞄准，几乎百发百中。

一种生长在墨西哥及美国得克萨斯州的蜥蜴，外表很像蟾蜍。它能从眼睛里喷射出血滴，喷射距离可达 2 米以上，能致人死地。动物的化学战在海洋中也可见到。章鱼不仅能施放烟幕障目，而且捕到食物后还不急于吞食。它先用坚硬的嘴将其撕裂，然后喷射一种化学剂，等猎物的肌体液化后章鱼才大饱口福。

乌贼遇敌时施放"烟幕"进行掩护、逃窜。有种小乌贼用的办法更胜一筹，它不施放烟幕而是喷出一种含盐酸与硫酸的唾液，其腐蚀性极强，故其他动物都不敢去惹它。

乌 贼

章鱼与海蟹激战时，海蟹的两螯握有一只海葵舞个不停，海葵不仅有大量的触手，且每只触手都能射出带毒的刺丝。章鱼招架不住，只好施放烟雾，溜之大吉。

鱼类的化学武器多为刺鳍，胆星鱼长有带剧毒的刺鳞，用于搏击；澳洲石头鱼的毒刺一旦刺到人，可致人死地；赤鱼的尾棘，刺到树根，竟能使整棵树逐渐枯萎。

凶残的鲨鱼对小小的比目鱼却一筹莫展。原因是比目鱼能排泄一种乳白色的液体，毒性极强。鲨鱼一旦沾上这种液体，嘴巴立即僵硬。现在人工合成的比目鱼素，称为"防鲨灵"，可以制服海上的恶霸——鲨鱼。

河豚鱼的内脏带有剧毒，还能排出带剧毒的鱼卵素。倘若它不幸被别的动物吞食，吞食者很快就会发现，自己将付出惨重的代价。虽然河豚鱼的内脏剧毒无比，可从河豚肝脏中提取制成的"新生油"能治疗食道癌、鼻咽癌、胃癌等。河豚毒素还能治疗胃痉挛、神经痛等，并可用于晚期癌症的止痛。形形色色的动物化学战，令人趣味盎然，它对仿生学的研究、模拟高度完善的生物机体结构、促进现代科学技术的发展等，都将大有裨益。

➤ 怪异的发电技巧

◎ 自备电压的电鳗

另外，有些水生动物能直接产生电能，目前已知的有 500 种能发电的鱼。如电鳐，它的发电器是由许多特殊的管柱状细胞构成的极板组成，可发出 70 ~ 80 伏，甚至 100 伏的强电场，足可把一些小鱼电死。有一种生长在南美的电鳗，身长 2 米，它能发出 300 伏的电压，个别的可达到 650 伏的高压，可把牛或马这样的大动物击毙于水中！

据说，古希腊人有一种为癫痫病人治病的特殊方式：当癫痫病患者发狂、抽搐的时候，人们便把他强按在一种叫电鳗的鱼身上，很快，癫痫病人就安静下来。那时，古希腊人并不知道电鳗为何有这等奇效。

近代科学揭示它就是生物电疗法。现在我们知道，几乎所有的生物身上都有生物电。但大多数比较弱，像电鳗那样产生高电压的动物是极少见的。

基本小知识

电鳗的基本结构

电鳗体圆柱形，无鳞，灰褐色。长者可达 2.75 米，重 22 千克。背鳍、尾鳍退化，尾下缘有一长形臀鳍，依靠臀鳍的波动而游动。尾部有一发电器，来源于肌肉组织，并受脊神经支配。

◎ 放电给人治病的电鳐

在南太平洋沿岸的一些沙滩上，经常有几个步履阑珊的患风湿病的老人，来到这里，他们来这里并不是戏水观潮，而是来求医治病的。医生就是这一带常见的一种软骨鱼——电鳐。

电鳐

电鳐有专门用来发电的电流，一旦放电，在附近水域游泳的人就会感到有些麻木不适，有时甚至会战栗起来，然而这对风湿病却颇有疗效，所以时常有风湿病患者慕名来海滩求医。由于电鳐能放电，所以人们常称它为"活电池""活的发电机"或电鱼。

电鳐的身体扁圆，头胸合并，眼嘴微小，拖着一条棒状尾巴。在它头胸部中线两侧各有一个扁肾形的蜂窝状发电器。发电器由许多肌肉组织的电板组成，几十块电板重叠排列成六角形的小柱体，大约 600 个小柱体组成一个发电器。电板间充满透明呈胶状的物质起着电解质的作用。电板连着神经末梢的一面是正极，没有神经分布的一面是负极。当大脑把兴奋传递到电板时，引起电板膜对离子的通透性变化，从而产生电压。单个电板产生的电压并不大，但由于电板数目多，所以放出的电压是相当客观的。各种电鳐的放电能力是不同的，中等大小的电鳐一次放电的电压为 80 伏特左右，一秒钟可连续放电百余次，经过数十秒中的连续放电，电鳐就显得筋疲力尽，需要休息复元后才能继续放电。非洲电鳐放电的电压更高，可达 220 伏特，而南美电鳐只能放出 37 伏特的电流。

基本
小知识

电解质

　　电解质是溶于水溶液中或在熔融状态下就能够导电并产生化学变化的化合物。常见的酸、碱、盐都是电解质，但有一些不是，如氯化铵；在上述两种情况下都不能导电的化合物称为非电解质，蔗糖、乙醇等都是非电解质。大多数的有机物都是非电解质。

➡ 造型妙术

◎ 海豚的高速造型

　　潜艇的下潜深度可达 300 米，可以在水下连续航行 2 个月，水下航行已经达到了每小时 60 多千米。如果举行一场水下游泳比赛，海洋动物海豚却能轻而易举地把这种潜艇远远抛在后面。海豚游泳的速度一般为每小时 50～70 千米，有时甚至达到每小时 100 千米，比潜艇快得多。

　　这是为什么呢？原来，海豚不仅有一个理想的流线型体型，而且还有特殊的皮肤结构。海豚的皮肤分 2 层，外层薄而富有弹性，其弹性类似最好的汽车用橡胶。这一层下面是乳头层或刺状层，在乳头层下面有稠密的胶状纤维和弹性纤维，其间充满脂肪（脂肪层）。

海豚的头颈部、鳍的前缘等部位在运动中感受的水压较大，因而它们的表皮和真皮乳头很发达。皮肤的这种结构，使有机体保温，又能提高表皮与真皮的连接力，它又像一个很好的消振器，使液流的振动减弱。

此外，海豚还有一种减小摩擦力的方法——当海豚的运动速度很大，涡流已不能靠皮肤的消振和疏水性来消除时，皮下肌肉便开始作波浪式运动，沿海豚身体的波浪运动消除了高速产生的漩涡，使得它能飞快地游动。当然，海豚的游泳速度取决于它的整体及其他部分的流线型体型。在海豚身上，一切干扰运动的东西——毛覆盖层、耳壳和后肢都消失了。而位于额部的弹性脂肪垫，显然是很完美的消振器，它消除了前面的湍流。因此，海豚在游动时，其身体周围的水流极小，大大减小了它所遇到的水阻力。

◎ 蜜蜂的紧凑造型术

蜜蜂建筑造型的本领是很出色的，它们能在昼夜之间用蜂蜡建起成千上万间住宅。蜜蜂的住宅都是平放着的六棱柱形房间，每个房间的体积都是相同的，显得十分经济、整齐、美观。由这种标准房间组成的一幢幢蜜蜂住宅大楼，一般都是由两大片蜂房背对背地靠在一起组成。这样，两片蜂房

蜂 窝

趣味点击 一边游泳一边睡觉

海豚在游泳时，有时会闭上其中的一只眼睛。研究发现，这时海豚某一边的脑部呈现睡眠状态。也就是说，海豚虽然持续游泳，但左右两边的脑部却在轮流休息。

就可以共用一个底。可想而知，这种形式的蜂房，可以用最小的建筑材料，造出最大容积的房间。

◎ 鸡蛋的高强度造型

把一只鸡蛋握在手中，不管怎么用力，却无论如何也捏不破它。谁都知道蛋壳既薄且脆，轻轻一碰就破了。这是什么原因呢？

鸡　蛋

工程师们仔细地研究了蛋壳，发现是形状帮了它的忙。力学上有一条原理：决定一个物体的紧固性，除了构成物体的物质本身的强度以外，还有一个重要因素，那就是它的"几何形状"。对承受外来压力的物体，凸曲面形状最好，因为它能把外来的压力沿着曲面均匀地分散开来。

◎ 王莲的超负荷造型

在拉丁美洲的亚马孙河上，生长着一种世界闻名的观赏植物——王莲。王莲为多年生草本，根茎直立。其叶浮于水面，呈圆形，边缘处向上转折，直径达 2 米。一个五六岁的孩子坐在莲叶上，犹如乘坐一叶扁舟。薄薄的莲叶，怎么能承受得住一个孩子的重量呢？

为了揭开其中的奥秘，大约在 100 多年前，法国的一位园艺家兼

王　莲

建筑师莫尼哀曾对这一现象进行了研究。他发现王莲叶子的背面有许多又粗又大的叶脉，叶脉之间连以许多镰刀形的横筋，构成一种网状骨架，可承受很大的负荷。

护身妙法

软体动物是最大的动物类群之一，已知有 11 万多种，仅次于节肢动物。因为软体动物身体外面大多有坚硬的石灰质贝壳，所以被称为贝类。贝类大多数活动能力不强，缺乏进攻的器官和能力，但它们有许多特殊的护身妙法来保护自己，以适应生物界的生存斗争，也给人类带来了许多启示。

> **基本小知识**
>
> ### 节肢动物
>
> 节肢动物也称节足动物，动物界中种类最多的一门。节肢动物身体左右对称，由多数结构与功能各不相同的体节构成，一般可分头、胸、腹三部，但有些种类头、胸两部愈合为头胸部，有些种类胸部与腹部未分化。体表覆有坚厚的几丁质外骨胳。

◎ 团壳和闭厣

当蚌、蚶等瓣鳃类遇到危险时，它们就迅速把身体缩入壳内，紧闭两个贝壳；而田螺、蝾螺等有厣种类就用厣把壳口封住，借以防御外敌的侵害。贝类的贝壳大多坚硬结实，能忍受较大的压力。贻贝、牡蛎的贝壳每 1.25 毫米厚度就能抗 100 千克的压力，它们贝壳的关闭力量能经得起几千克甚至上万克的拉力；蛾的贝壳厚 2 毫米，能忍受 300 千克的压力，攻破这样坚固贝壳的敌害毕竟为数不多。壳长超过 1 米、体重达 200 多千克的砗磲，是世界上最大的双壳贝。它的贝壳坚如磐石，连冲天怒号的海浪也不可能击破。要是游泳者把脚误伸入它的双壳之中，就如落入陷阱，除非用利刃割断它的收缩肌，否则就难以挣脱逃生。

🔘 乔装打扮

用拟态和伪装来欺骗敌害也是贝类一种行之有效的护身法。衣笠螺在它的贝壳上面黏附着许多石粒或空壳，犹如一堆碎石；泥螺则用头盘和足部掘起泥沙再与身体所分泌的黏液混和，覆盖在身体表面，伪装成一堆凸起的泥沙，来欺骗敌害使自己免受侵扰。石磺、花棘石鳖以及滨螺等的体色与它所栖息的岩石和环境的色泽相似，敌害很难发现它们的行踪。而生活在海藻丛中的海兔，则能根据各种藻类的颜色变换自己的体色为红、绿、褐等颜色来与它相应，而且有的海兔的体表生有绒毛状或树枝状的突起，跟海藻的形态完全相仿，粗心的敌害很难能分辨出它的真伪。

衣笠螺

🔘 分身术

分身术也是贝类时常运用的一种御敌方法。许多贝类在受到敌害侵袭时，能自行断裂身体的某一部分而逃遁或作为诱饵来转移目标。竖琴螺、蜗牛能自己割掉足的后部；角贝能自断其头部的触丝；竹蛏、海笋等能自残水管的末端；而瓣鳃类软体动物则能很快脱落被敌害捉住的无关紧要的部分躯体，其余部分趁机脱逃。失去部分躯体对于贝类是无关大体的，因为它们有较强的再生能力，不久这些伤残部分即可恢复原样。

🔘 分泌汁液

分泌珍珠质是河蚌、珍珠贝等一些贝类专门用于防止寄生虫或外来物质

芋　螺

侵蚀的方法。当绦虫、吸虫的寄生性幼虫侵入贝类的外套膜时，贝类为了保护自己，就迅即分泌出珍珠质液，把入侵者包围起来，久而久之就变成了一粒珍珠。珍珠，晶莹明亮，光彩夺目，是名贵的装饰品，也是治疗多种疾病的良药。然而天然珍珠数量稀少，质量也难于控制，因此人们就利用贝类的这种护身习性来人工养殖珍珠。

分泌毒液或臭味也是某些贝类驱

敌自卫的有力武器。个体不大的芋螺由于它的形状略似鸡心，所以又称鸡心螺，它们的螺壳绚丽多彩，惹人喜爱。但是谁也不敢轻易地去冒犯这种引人注目的贝类，因为它们能分泌毒性很强的毒液，这种毒液不仅能使小鱼、小虾即刻致死，而且还能致人于死地。海兔分泌的挥发性油类，能毒害神经和肌肉系统，使敌害

你知道吗

海菊蛤

　　海菊蛤常栖息于潮间带低潮线附近至潮线下较浅的水域，以右壳固着在岩石、珊瑚礁等物体上生活。海菊蛤肉味鲜美，营养丰富。闭壳肌肥大，可加工成"干贝"。贝壳可作观赏品。

麻痹、瘫痪，失去进攻能力。而美国海菊蛤等则能分泌出强烈的臭味来驱赶敌害保护自己。

➡️ 能工巧匠

◎ 精湛的缝织工艺

生活在亚热带森林中的缝叶莺，它们建筑的工艺很是高超。这种鸟只有麻雀般大小，它们搭巢穴所取的材料也不同于同类们常用的枯枝、草茎、碎木屑和泥丸，而是别出心裁地用几张树叶。因为缝叶莺有一套精巧的缝纫本领，只要有适宜的香蕉、野牡丹、野葡萄的叶子，它就能根据叶片的大小，选择大的一片，小的数片，按照一定的形状将它们精细而牢固地缝合起来，吊挂在树干上。人们不禁要问，缝叶莺没有手，何以缝纫呢？又哪来的针线呢？原来，缝叶莺寻找、收集蜘蛛丝、细草纤维等有韧性的物质作为细线，用它那特别细长而灵巧的嘴代替针，在两叶片

缝叶莺的巢穴

边的缘处打孔，然后把细线穿上。缝叶莺就这样不厌其烦地来回缝制着，缝好一边，再缝另一边。

更为奇怪的是，它们在缝制过程中，还会在线头处打上个疙瘩，以免滑头，整个工序就像人的缝制工序一样，做得是那样细致、精巧。为了使巢穴更结实、牢靠，它们还在叶柄与树干的交接处用粗丝纤维绑住，以免被大风吹落。

织布鸟的筑巢工艺可与缝叶莺相媲美。织布鸟的巢是全靠它们用嘴和脚

认真编织而成的，用的材料是草片、草茎和树木的纤维。由于天然的原料太粗大，得设法拉成细丝才能编织。于是织布鸟选好理想的草片，测量好部位，先用嘴啄一个缺口，然后从草片的顶端向下用力撕拉，刚好到了缺口处断下。它估计得是这样准确，如同计算过一样，这就成了编织用的一根纤维。

筑一个巢需要多少条这样的细丝？简直难以计数。然而织布鸟按照编织的规格能拉出粗细不等的大量纤维。编织程序开始，它们先用粗纤维紧紧地系于树枝上，编织成实心的单茎，作为巢的基底。然后，由茎向下慢慢编出一个空心圆球形的结构，这是巢的主体——巢室，再往下编一条进巢的走廊。巧妙的是，走廊总偏向圆形主体的一侧，使巢室留有较为宽阔的面积。巢筑好后，里面还要用兽毛、羽毛等柔软物品作为垫褥。

你知道吗

雄鸟筑巢，雌鸟监工

织布鸟的巢是由雄鸟单独完成的，而雌鸟则在一旁充当监工的角色。如果雌鸟对巢不满意，雄鸟就会自动拆除辛勤筑好的巢，并在原处重新设计和筑一个更精巧的巢。

织布鸟对巢的设计，确实是费尽了心机，不论从实用观点还是力学原理来看，都是无可非议的。它的巢壁细致、紧密而富有弹性，特别是它的巢口和过道都是向下的，遇到大雨，巢室内也不会积水。更使人感兴趣的是，织布鸟在它那轻飘飘的茅屋里放入几块硬泥团和小石头，这样重心稳定，即使大风来临，它们仍能安然高卧！

◎ 严密的地下宫殿

兽类中手艺高超的建筑师要首推啮齿动物。我国北方有一种鼢鼠叫作东北鼢鼠，生活在草原及农田中。这小动物真是"地下宫殿"的建筑专家，它生活在地下洞窟，有纵横交错的主道通出地面，各支道的末端或旁侧有宽敞的洞穴，分别作为卧室、仓库、厕所和休息室等。地道很长，可达 50~60 米，洞口有好几个，而且隐蔽，一般在外面是察觉不到的，因为常有一些碎泥覆盖着。

在这复杂的建筑群中，卧室自然是最讲究的部分。它很宽敞，室内还垫着细绒草、根和树叶等，显得十分舒适。酷热的夏天，貂鼠居住在离地面较近的洞穴里，既通风也比较阴凉。然而每当严冬到来时，它们就搬进距地面更深的地方，那里温度恒定，可以御寒，即使洞外零下数十度，地

貂　鼠

下的貂鼠仍然活动自如。在它们的仓库里，储藏着大量食物，如龙须菜、落花生、马铃薯、胡萝卜和茅草等。如果一旦发现食物已经发霉，它们就决定抛弃不食。但长长的地道，要将食物搬出洞外实非易事，何况沿途还会弄脏地道。于是它们采用巧妙而经济的办法，用泥土将这个仓库全部堵塞，再去新建一个仓库。

可能有人会担心，下雨时怎么办？貂鼠都作了全面安排，一方面，它们将洞窟筑在较高而干燥的地方，洞口覆盖着泥土，雨水不易进去；另一方面，各穴室不是设置在同一水平位置上，即使有水流入洞内，也仅影响地下室的小部分，无损大局。

蜘蛛奇丑无比，但它有一个独特的本领——结网，随着不同的种类，不同的需要，在不同的场所，能结出各种形式的网。蜘蛛腹部有一种能生产丝线的腺体，经由吐丝器分泌出来后，形成坚韧而有弹性的细丝，结成罗网。网上纵横交错的蛛丝，并不完全一样，可以分为2种：一种是蜘蛛用来到处活动的干线，不具黏性；另一种是涂有黏性物质的黏线，用以粘捕飞虫。

结网的蜘蛛

网结成后，蜂蛛坐守在网的中心，利用其灵敏的触觉随时监视网面的情况，一旦有飞虫落网，它能凭借网线的震动，确定猎物的大小和位置。有一种奇怪的蜘蛛是在水底生活的。它把网编织在水生植物之间，用以捕捉小型的水生动物和昆虫。这种水生蜘蛛也离不开空气，必要时，它就升到水面，在腹部和后腿间做成一个气泡，带回水下住所。往返十几次，就可以在水下形成一个直径约2厘米的钟形气囊，供它进行呼吸。

在澳大利亚旅行的人，常在原野上看见一座座奇特的土丘。它们高矮不等，最大的宽3米、高5米，俨然是个庞然大物，构成了该地区的特有景色。这些巨大的塔形建筑是谁的杰作呢？原来是白蚁兴建的窝巢。非常有趣的是，土丘的方向都是准确的坐北朝南，以其两个窄边来接受烈日的曝晒，旅行者看到它们就能正确辨别方向。因此人们又把这种白蚁称作罗盘白蚁。

有人曾细致解剖这种建筑，不由得为其中精巧、合理的安排设计感到惊异。它里面不仅有住房、交通网，还有培养食物用的真菌苗圃、用来调节气温的完备的通风系统，以及深达 40 米的竖井，以满足白蚁对于潮湿空气的需求。

拓展阅读

白蚁的真菌苗圃

白蚁巢中的真菌苗圃，是由白蚁的排泄物，经细致加工并经接种培养出白球菌而成的多孔块状物，是白蚁赖以生存而不可缺少的。

高 5 米的建筑和深 40 米的竖井，对于人类来说似乎是个不足为奇的数字，但只要简单计算一下，就会明白这些数字的意义。一只白蚁充其量不过体长 5 毫米，那么，高 5 米的窝巢相当于它体长的 1000 倍，深 40 米的竖井则为其体长的 8000 倍。如果以这样的比例要求于人，那么人就应该建造出高 1700 米的摩天大楼，打出 13 600 米的深井，但人类的成就至今不过是这些数字的 1/10 左右。

◎ 鱼类中的"鲁班"

在鱼类中有不少能工巧匠，肺鱼和刺鱼是其中的代表。肺鱼是从三叠纪初期遗留至今的古老鱼类。每逢旱季，肺鱼就钻入淤泥中进行休眠。在旱季来到之前，肺鱼利用体表分泌的具有很大凝集力的黏液，调和周围的泥土，形成一个屋式泥茧。这个泥茧是密封型的，只是在对着鱼嘴的地方留了一个小小的呼吸孔，以便进行微量的气体交换。肺鱼泥茧的长度可达 2 米以上，与精细小巧的蚕茧相比，可称得上"巨型建筑物"了。肺鱼的泥茧还异常结实坚固，肺鱼睡在里面不动不食，直到雨季到来，茧壁的淤泥被水泡软冲散时，肺鱼才出来像普通鱼一样生活。

肺　鱼

刺 鱼

我国东北地区有一种长不过 4 ~ 5 厘米的小型鱼类,叫刺鱼,它们有高超的筑巢本领。春天繁殖季节,雄刺鱼用口和鳍把芦苇和其他水生植物的茎、根、碎片汇集起来,利用肾脏分泌的黏液丝,胶合成椭圆形的巢,搭在某些质地坚韧的水草茎上。为使巢壁更加牢固,刺鱼还要在巢壁的空隙中加入"填充剂"。它们用嘴吸取细沙,仔细均匀地喷在巢壁上,同时还不断地用身体在巢内外的壁上反复摩擦,让体表的黏液涂在巢壁上,使巢变得格外光滑而且坚牢。完成后的巢,是一个中空而略呈圆形的房子,它和固定在水草上的一个基础面完全相附合。

基本小知识

三叠纪

三叠纪是 2.5 亿至 2 亿年前的一个地质时代,它位于二叠纪和侏罗纪之间,是中生代的第一个纪。三叠纪是古生代生物群消亡后现代生物群开始形成的过渡时期。这个期间,海洋无脊椎动物类群发生了重大变化。脊椎动物得到了进一步的发展,其中,槽齿类爬行动物出现,并从它发展出最早的恐龙。

◎ 扬子鳄的三层洞穴

扬子鳄是一种古老的爬行动物。它相貌丑陋,但很聪明,又很勤劳。扬子鳄是一种穴居动物,它很会营造洞穴,一般一个洞穴只住一条鳄。扬子鳄的洞穴因性别、年龄不同而异,年龄越大,洞越复杂,营造得越讲究。

　　扬子鳄的洞穴都选择在土质疏松的地方，它先用前爪掘开较硬的表层土，再用尾巴把土推到旁边，然后用脑袋使劲钻进去，退出来，再钻进去，再退出来，如此不断反复，终于为自己营造了一个理想的洞穴。穴一般分为三层，一层比一层高，最大的洞穴长达 30 多米。洞内有数条迷惑

扬子鳄

天敌的岔道，还有 1~3 个倾斜的进出口，一端延伸至树林、草丛之中，另一端隐蔽在入水处。窟顶有 1~2 个通往地面的垂直气孔，可保持洞内空气新鲜。沿主通道往里，最深处才是椭圆形的"卧室"，里面铺着枯叶、稻草、杂草等，另外还有一个常年积水的"浴池"。最令人惊讶的是，扬子鳄每次打的洞都能按照当年的最高水位确定位置。扬子鳄是怎么预知当年最高水位的，至今仍是个谜。

◎ 鸟巢种种

　　鸟类不愧是天生的建筑师，它们的巢有杯形的、球形的、碟形的、袋形的等等。大的如一些鸟巢，直径达数米，可以并排睡 10 只鸟，气势磅礴；小的如一些莺类、鹪鹩的巢，直径只有几厘米，工艺精细，巧夺天工。

　　有几种广布于欧洲、亚洲、非洲和美洲的山雀，是筑巢的能工巧匠，它们把精美的袋状巢编织在细树枝上，通常为近水的柳树嫩枝的末梢。由于巢的质地十分紧密，欧洲的孩子有时拿它当拖鞋穿，东非人拿它作手提包。

　　有些鸟类的窝巢，竟成了人类的滋补品。产于南亚的一些雨燕巢，就是我国人民老幼皆知的燕窝。这种用唾液制成的窝巢，就成了酒宴上的佳肴。而最奇特的莫过于园丁鸟，它们的雄鸟用各种彩色的羽毛、浆果、鲜花乃至人类丢弃的玻璃和塑料，来装饰窝巢，把巢收拾得像新房一样美丽，以博取异性的喜爱。这种鸟已成为世界上最珍贵的鸟类之一。

◎ 非人工的大坝

　　河狸是啮齿动物中的"巨人"，栖居于近水的森林地带。河狸的巢穴是从水下斜着向河岸挖掘而成。其巢室虽在水上，洞口却在水下，为了保障安全，必须保持一定水位，把洞口隐蔽起来。在筑巢的地点，它把树枝用力插进河床，用粗树枝压住，并搁上石块，树枝间的缝用细枝、芦苇混以软泥堵实，使之完全不漏水。为了抵挡流水的压力，在坝的下方用叉棍将坝撑住。坝固定在巨石或活树上。坝修成后，就出现了一湾平静的湖水，可供河狸游泳、觅食，并便于筑巢之用。

河　狸

　　为了达到上述目的，河狸有时把坝修得很大。美国蒙大拿州发现的河狸坝最大，长达 700 多米，上面不仅可以走人，还可以骑马。这些坝不是一朝一夕建成的，它们花费了河狸家族连续几个世纪的辛勤劳动。

　　河狸们各自拖着枝、杈甚至很粗的树干返回到小湖中来，几天以后湖面上又多出了一个直径 2 米左右高出水面 2 米的树枝堆，这就是那群河狸终夜辛勤"工作"的结果，它们不停地伐倒、咬断、搬运、堆集着树枝干，而后再用泥和杂草把枝条间的缝隙堵住，最后从水下向上咬开一条通道，再在水面以上的枝条堆中开出几个不同大小的洞穴作为它们的食堂、过道和卧室，这幢河狸的大厦就大功告成了，河狸"夫妇"可以安心地在新房中生儿育女了。

　　严冬即将来临，小湖的水位开始下降，河狸住宅的大门快要露出水面以外，河狸们将有遭受敌人趁机而入的危险。于是全体居住区的河狸们又开始忙碌起来，为了使保卫它们安全生存的水不致进一步减少，它们不停地搬来树枝、树干和杂草以堵塞那些水下的漏洞。当水位再度升起，又淹没了河狸住宅的大门口。寒冬来临的时候，厚厚的冰雪覆盖住河狸的住宅和大门，河狸们可以安然地度过漫长的冬天，只有在取食时才从冰下大门中外出。

❖ 不可思议的发光

◎ 穷究海怪的发光原因

每当温暖季节，夜幕降临以后，夜航的人们常常可以看到海水上层闪耀着光芒。发光水层可深达 50 厘米到几米，渔民们把这种现象叫作"海火"。海火主要是由浮游生物发光所引起的。

海里的发光物生物种类繁多。细菌、甲藻、夜光虫、放射虫、火体虫、磷虾、乌贼、章鱼和某些鱼类等等，都能够发光。当它们在水面密集出现时，犹如万点星光。据报道，在加利福尼亚湾北部，海水中夜光虫的数量极多，白天可把整个海水染成粉红色或砖红色，所以古代人们就把这一海区叫做"朱砂海"。令人惊奇的是，夜光虫在夜晚能发出辉煌的光亮。据科学家研究，夜光虫的发光体分布在表层细胞质内，如果受到机械（如风浪冲击）、化学、电等的刺激，就会发出淡蓝色火花状的闪光，显得异常美丽。

人们对细菌并不陌生，它不仅数量大，而且分布广。发光细菌在发光生物中占着极为重要的位置。目前已知能发光的细菌有 16 种，它们与其他发光生物不同，不需要任何刺激，发出来的光是连续的弥漫光。

火　湖

有趣的是，有些生活在河水中的发光细菌却需在含海盐约 0.05% 的环境中才开始发光，有些则能够在完全不含海盐的水中微弱地发光。各类发光细菌对盐度、温度和酸碱度都有一定要求。当盐度增加到普通海水盐度的 1 倍以上时，海洋发光细菌就会死亡或停止发光。许多种细菌发光的最适 pH 值为 5.9～8.3。这些发光细菌通常与鱼类、乌贼及大章鱼等共生，附着在它们的体表。

基本小知识

PH 值

　　pH 值又称氢离子浓度指数，是指溶液中氢离子的总数和总物质的量的比。通俗来讲，pH 值就是表示溶液酸性或碱性程度的数值。氢离子浓度指数一般在 0～14 之间，当它为 7 时溶液呈中性，小于 7 时呈酸性，值越小，酸性越强；大于 7 时呈碱性，值越大，碱性越强。

◎ 闪光鱼为什么能闪光

　　1964 年，一位海洋生物学家在红海首次发现一种十分奇特的闪光鱼——光脸鲷。这种小鱼生活在红海和印度洋的不到 10 米深处，或者在较深的珊瑚礁上面，发出的光十分明亮，在水下 18 米处就能发现它，所以潜水员常常把它们捉住后放在透明的塑料袋中，作为水中照明之用。海洋生物学家认为，到目前为止，光脸鲷的发光亮度在所有发光动物（包括陆生动物和海洋动物）中是最亮的，因此有"壮观的夜鱼"之称。

　　尤其令人感兴趣的是，光脸鲷的眼睛下缘不仅有一个很大的新月形发光器官，而且还具有一层暗色的皮

光脸鲷

膜，附着在它的发光器官的下面。皮膜一会儿上翻，遮住了发光器官，一会儿又下拉，好似电灯开关一样，一亮一熄，闪耀出蓝绿色的光。这种奇妙的闪光现象，在鱼类中是十分罕见的。

　　白天，光脸鲷隐匿在洞穴或珊瑚礁中，仅在没有月光的夜晚才冒险出来。它们不成线状排列，而排成球形列队。当它们拉下皮膜时，群鱼的发光器官好似无数的明亮星星，组成了一个巨大的亮球，以此来引诱小型甲壳动物和蠕虫作为自己的食物，同时也不可避免招来了一些大型的凶猛鱼

成群的光脸雀鲷（光脸鲷的一种）

类。当它将要受到威胁或袭击的时候，会立即巧妙地拉上皮膜，四周顿时漆黑一团，它就乘机溜之大吉。光脸鲷的正常闪光是每分钟 2～3 次，受到惊扰时，次数显著增加，每分钟可以达到 75 次，以此来模糊敌人的视线，这是它逃避敌害的又一种方式。

　　像许多其他鱼类一样，光脸鲷的发光也依赖于共生发光细菌作为它的光源。这些细菌侵入到鱼的发光器官上，为自己安排了一个良好的生存环境。寄主为它们提供了充足的养料，它们也帮助寄主引诱食物和逃避敌害。由发光细菌共生而引起的发光现象，甚至在动物体死后的几小时，还能继续发光。

　　最近，一位海洋生物学家做了一个有趣的实验：他把捕捉到的光脸鲷放在室内的水族箱里，同时做了一个能闪光的光脸鲷的精细模型。当模型放入水族箱的时候，光脸鲷就纷纷向模型游来，并拉下皮膜，闪现出蓝绿色的光。这说明了光脸鲷的闪光是彼此联络的信号，也是它们群居生活的一个特征。

◎ 深海缘何灯光灿烂

　　深海里的生物大多有发达的发光器官，据动物学家估计：40% 以上的深海鱼类都具有发光器官，能发光的乌贼有 28 种，占已知乌贼种数的 20%；能

发光的枪乌贼更多，有 100 多种，占枪乌贼种数的 60%；能发光的章鱼，到目前为止只知道 3 种。无数的发光生物在深海里闪耀着光辉。

鱼类的发光器官多排列在身体的两侧，在黑暗中看去，鱼体每侧有一条淡蓝色的光线，在快速游动时很像一只波音型客机在海底世界飞行。有的鲨鱼有一对绿色的"眼睛"，它们的发光器官位于眼睛的周围，当它向你游来时，犹如在夜间遇上了打开头灯的汽车。

一些深海的鱼，双眼在黑暗的生活环境里已退化得看不见，但是头顶上长着一根发达的背鳍，末端垂挂着一个小灯笼似的发光器官。乌贼发光的"小灯"，可以说是世界上最经济的小灯泡，不需充电，可亮数年之久。因为它的发光燃料——发光细菌数目的增长要快于消耗的速度。

生活在日本海岸和千页群岛海域的耳乌贼，大小如同大拇指

拓展阅读

深海发光鱼——灯笼鱼

灯笼鱼是小型深海发光鱼类，共有 376 种左右，我国有 48 种。灯笼鱼在头部和身体腹面两侧等都有许多发光器官，位置多达 20 多个，各部位的发光器都有专门的名称，如眶前发光器、鼻背发光器、鳃盖发光器、臀上发光器等。

一般，以小鱼为食。它在夜间发光，光环萦绕着它那小小的身体，在幽暗的大海上滑翔，犹如天上的繁星。耳乌贼的墨囊上面有一个很大的双耳状囊（耳乌贼由此得名），囊内充满着发光细菌的黏液。发光细菌由玻璃状物质小管与海水相通。据科学家推测，耳乌贼发光器官上的小管不仅用于吸收发光细菌，更重要的是，一旦发生危险，可将含有发光细菌的黏液喷出体外，在自身周围立刻升起一堆焰火，使来犯者眼花缭乱，它就乘机溜之大吉。

仿生学的概述

　　仿生学是生物科学和技术科学共同孕育的一门边缘学科。仿生学研究生物体的结构、功能和工作原理，并将这些原理应用于工程技术之中，发明性能优越的仪器、装置和机器，创造新技术。仿生学从诞生、发展到现在仅短短几十年的时间，但成果已经非常显著，涉及的领域包括生物电子学、生物仿真材料、生物物理学、生物电机和生物大分子的自装配等，显示了旺盛的生命力。

仿生学发展简史

古时候，人们看到鸟类在空中自由翱翔，便幻想也能飞上天去。后来，在鸟类和蜻蜓的启发下，人们制造出了飞机。鱼类在水中往来自如，令人羡慕。在鱼类的启发下，人们造出了船舰。乌贼和章鱼在受到敌人的威胁时，为了迷惑敌人，达到逃命的目的，能向水中喷出一股墨汁，制造浓重的烟幕。在这种启发下，人们造出了烟幕弹。

广角镜

文艺复兴

文艺复兴是指13世纪末在意大利各城市兴起，以后扩展到西欧各国，于16世纪在欧洲盛行的一场思想文化运动。文艺复兴带来一段科学与艺术革命时期，揭开了近代欧洲历史的序幕，被认为是中古时代和近代的分界。

在20世纪60年代初期，生物科学和技术科学共同孕育的一门边缘学科诞生了，这就是仿生学。1960年，美国召开了第一届仿生学会议。仿生学一问世，人们就期待它大显身手，去揭示比现代工程技术更完善、更灵巧、更经济的大自然产物的奥秘，并到大自然中去发现解决工程技术问题的新思想、新方法和新手段。随着时间的推移，今天仿生学已经从描述性阶段进入到工程性阶段，它的研究范围已扩大到神经仿生、感觉仿生、分析仿生、定向仿生、生物力学仿生和生物动力仿生等方面，并取得了不少研究成果。

仿生学到现在才进入到工程技术的实践之中，那是因为人们在很长一段时间内，对生物与工程的共同处缺乏明确的认识。生物学家只研究生物体的结构和功能，没有想到把它们的研究成果用来帮助工程设计，而工程技术人员也不了解生物系统是各种工程技术设计思想的源泉。只是随着科学技术的发展和生产的需要，人们才开始认识到，生物学所描述的生物结构和功能有可能用于工程技术之中。而现在，这种认识变成了实践。这也就是说，今天的科学技术已发展到创造仿生系统。在这方面，仿生建筑学的漫长发展史是很有教育意义的。瞧那古代东方的教堂，很像匀称的松树。古代的建筑师不自觉地模仿自然界的形状，但他们不了解，自然界不只是匀称、和谐，而且结构合乎理想：经济、简单。

1889 年，巴黎建造的埃菲尔铁塔，体现了胫骨的构造。尽管建筑工程师埃菲尔在设计这座铁塔时并未想到去模仿胫骨，制造钢筋混凝土管的工程师们也是这样，他们未曾想到其制品的结构同草茎的结构是一样的。由此可以得出这样的结论：既然我们能够认识生物机体的结构，那就让我们想去仿造它。比方说，蛋

广角镜

埃菲尔铁塔

　　埃菲尔铁塔是一座于 1889 年建成位于法国巴黎战神广场上的镂空结构铁塔，塔高 300 米，天线高 24 米，总高 324 米。埃菲尔铁塔设计新颖独特，是世界建筑史上的技术杰作，是法国的一处重要景点和突出标志。

壳、贝壳和甲壳虽然很薄，但由于具有弯曲的表面，因而能承受很大的压力，于是我们就模仿它们，设计建造壳结构的屋顶。

埃菲尔知道人骨坚固，但他没有运用到人骨的结构。可是，美国数学家和设计师列·雷科勒注意观察了骨骼，发现骨骼能经受很重的负荷。模仿骨骼结构，就奠定了硬质多孔的大型骨骼架结构基础。这种结构的前途是无限的……

仿生学在现阶段还有另一个特点，那就是：在仿造生物系统时，仿造的不只是结构，而且还模仿生物体的奇妙功能。

仿生学是一门年轻的学科。1960 年，当"仿生学"这个名称正式提出时，并不被重视，甚至受到过种种嘲讽和打击。然而，新生事物的生命力最强。这门科学终于冲破种种阻力，蓬勃发展起来了。

苍蝇，是细菌的传播者，谁都讨厌它。可是苍蝇的楫翅（又叫平衡棒）是"天然导航仪"，人们模仿它制成了"振动陀螺仪"。这种仪器目前已经应用在火箭和高速飞机上，实现了自动驾驶。苍蝇的眼睛是一种"复眼"，由3000多只小眼组成，人们模仿它制成了"蝇眼透镜"。"蝇眼透镜"是用几百或者几千块小透镜整齐排列组合而成的，用它作镜头可以制成"蝇眼照相机"，一次就能照出千百张相同的相片。这种照相机已经用于印刷制版和大量复制电子计算机的微小电路，大大提高了工效和质量。"蝇眼透镜"是一种新型光学元件，它的用途很多。

蝇眼照相机

自然界形形色色的生物，都有着怎样的奇异本领？它们的种种本领，给了人类哪些启发？模仿这些本领，人类又可以造出什么样的机器？这里要介绍一门新兴科学——仿生学。

仿生学是指模仿生物建造技术装置的科学，它是在上世纪中期才出现的一门新的边缘科学。仿生学研究生物体的结构、功能和工作原理，并将这些原理移植于工程技术之中，发明性能优越的仪器、装置和机器，创造新技术。

从仿生学的诞生、发展，到现在短短几十年的时间内，它的研究成果已经非常可观。仿生学的问世开辟了独特的技术发展道路，它大大开阔了人们的眼界，显示了极强的生命力。

人类仿生由来已久

自古以来，自然界就是人类各种技术思想、工程原理及重大发明的源泉。

种类繁多的生物界经过长期的进化过程，使它们能适应环境的变化，从而得到生存和发展。劳动创造了人类。人类以自己直立的身躯、能劳动的双手、交流情感和思想的语言，在长期的生产实践中，促进了神经系统尤其是大脑的高度发展。

因此，人类无与伦比的能力和智慧远远超过生物界的所有类群。人类运用聪明的才智和灵巧的双手制造工具，从而在自然界里获得更大自由。人类的智慧不仅仅停留在观察和认识生物界上，而且还运用人类所独有的思维和设计能力模仿生物，通过创造性的劳动增加自己的本领。鱼儿在水中有自由来去的本领，人们就模仿鱼类的形体造船，以木桨仿鳍。相传早在大禹时期，我国古代劳动人民观察鱼在水中用尾巴的摇摆而游动、转弯，他们就在船尾上架置木桨。通过反复的观察、模仿和实践，逐渐改成橹和舵，增加了船的动力，掌握了使船转弯的方法。这样，即使在波涛滚滚的江河中，人们也能让船只航行自如。

早在 400 多年前，意大利人列达·芬奇和他的助手对鸟类进行仔细的解剖，研究鸟的身体结构并认真观察鸟类的飞行，设计和制造了一架扑翼机的模型，这是世界上第一架人造飞行器。

以上这些模仿生物构造和功能的发明与尝试，可以认为是人类仿生的先驱，也是仿生学的萌芽。

拓展阅读

扑翼机

扑翼机又称振翼机，是指机翼能像鸟和昆虫翅膀那样上下扑动的重于空气的航空器。扑动的机翼不仅产生升力，还产生向前的推动力。由于控制技术、材料和结构方面的问题一直未能得到有效解决，目前扑翼机仍停留在模型制作和设想阶段。

发人深省的对比

　　人类仿生的行为虽然早有雏形，但是在 20 世纪 40 年代以前，人们并没有自觉地把生物作为设计思想和创造发明的源泉。科学家对于生物学的研究也只停留在描述生物体精巧的结构和完美的功能上。而工程技术人员更多地依赖他们卓越的智慧，辛辛苦苦的努力，进行着人工发明，他们很少有意识地向生物界学习。但是，以下几个事实可以说明：人们在技术上遇到的某些难题，生物界早在千百万年前就曾出现，而且在进化过程中就已解决了，然而人类却没有从生物界得到应有的启示。

　　在第一次世界大战时期，出于军事上的需要，为使舰艇在水下隐蔽航行而制造出潜水艇。当工程技术人员在设计原始的潜艇时，是先用石块或铅块装在潜艇上使它下沉，如果需要升至水面，就将携带的石块或铅块扔掉，使艇身回到水面来。以后经过改进，在潜艇上采用浮箱交替充水和排水的方法来改变潜艇的重量。以后又改成压载水舱，在水舱的上部设放气阀，下面设注水阀，当水舱灌满海水时，艇身重量增加可使它潜入水中。需要紧急下潜时，还有速潜水舱，待艇身潜入水中后，再把速潜水舱内的海水排出。如果一部分压载水舱充水，另一部分空着，潜水艇可处于半潜状态。潜艇要起浮时，将压缩空气通入水舱排出海水，艇内海水重量减轻后潜艇就可以上浮。

　　如此优越的机械装置实现了潜艇的自由沉浮。但是后来发现鱼类的沉浮系统比人们的发明要简单得多，鱼

鱼 鳔

的沉浮系统仅仅是充气的鱼鳔。鳔内不受肌肉的控制，而是依靠分泌氧气进入鳔内或是重新吸收鳔内一部分氧气来调节鱼鳔中气体含量，促使鱼体自由沉浮。然而鱼类如此巧妙的沉浮系统，对于潜艇设计师的启发和帮助已经为时过迟了。

　　声音是人们生活中不可缺少的要素。通过语言，人们交流思想和感情，优美的音乐使人们获得艺术的享受，工程技术人员还把声学系统应用在工业生产和军事技术中，成为颇为重要的信息之一。自从潜水艇问世以来，随之而来的就是水面的舰船如何发现潜艇的位置以防偷袭；而潜艇沉入水中后，也须准确测定敌船方位和距离以利攻击。因此，在第一次世界大战期间，在海洋上，水面与水中敌对双方的斗争采用了各种手段。海军工程师们也利用声学系统作为一个重要的侦察手段。首先采用的是水听器，也称噪声测向仪，通过听测敌舰航行中所发出的噪声来发现敌舰。只要周围水域中有敌舰在航行，机器与螺旋桨推进器便发出噪声，通过水听器就能听到，能及时发现敌人。但那时的水听器很不完善，一般只能收到本身舰只的噪声，要侦听敌舰，必须减慢舰只航行速度甚至完全停下来才能分辨潜艇的噪音，这样很不利于战斗行动。

　　不久，法国科学家郎之万成功利用超声波反射的性质来探测水下舰艇。用一个超声波发生器，向水中发出超声波后，如果遇到目标便反射回来，由接收器收到。根据接收回波的时间间隔和方位，便可测出目标的方位和距离，这就是所谓的声呐系统。人造声呐系统的发明及在侦察敌方潜水艇方面获得的突出成果，曾使人们为之惊叹不已。岂不知远在地球上出现人类之前，蝙蝠、海豚早已对"回声定位"声呐系统应用自如了。

　　生物在漫长的年代里就是生活在被声音包围的自然界中，它们利用声音寻食，逃避敌害和求偶繁殖。因此，声音是生物赖以生存的一种重要信息。

　　意大利人斯帕拉捷很早以前就发现蝙蝠能在完全黑暗中任意飞行，既能躲避障碍物也能捕食在飞行中的昆虫，但是堵塞蝙蝠的双耳后，它们在黑暗中就寸步难行了。面对这些事实，斯帕拉捷提出了一个使人们难以接受的结论：

蝙蝠能用耳朵"看东西"。直到1983年采用了电子测量器，才完完全全证实蝙蝠是以发出超声波来定位的，但是这对于早期雷达和声呐的发明已经不能有所帮助了。

你知道吗

蝙蝠是唯一能够飞翔的兽类

蝙蝠虽然没有鸟类那样的羽毛和翅膀，但其前肢十分发达，上臂、前臂、掌骨、指骨都特别长，并由它们支撑起一层薄而多毛的，从指骨末端至肱骨、体侧、后肢及尾巴之间的柔软而坚韧的皮膜，形成蝙蝠独特的飞行器官——翼手。

另一个事例是人们对于昆虫行为为时过晚的研究。人们经过长期反复的实践，终于在1903年发明了飞机，使人类实现了飞上天空的梦想。由于不断改进，30年后，飞机不论在速度、高度和飞行距离上都超过了鸟类，显示了人类的智慧和才能。但是在继续研制飞行更快、更高的飞机时，设计师又碰到了一个难题，就是气体动力学中的颤振现象。当飞机飞行时，机翼发生有害的振动，飞行越快，机翼的颤振越强烈，甚至使机翼折断，造成飞机坠落，许多试飞的飞行员因而丧生。飞机设计师们为此花费了巨大的精力研究消除有害的颤振现象，经过长时间的努力才找到解决这一难题的方法：就是在机翼前缘的远端上安放一个加重装置，这样就把有害的振动消除了。

蜻蜓薄薄的翅膀

可是，昆虫早在3亿年以前就飞翔在空中了，它们也毫不例外地受到颤振的危害，经过长期的进化，昆虫早已成功地获得防止颤振的方法。生物学家在研究蜻蜓翅膀时，发现在每个翅膀前缘的上方都有一块深色的角质加厚区——翼眼或称翅痣。如果把翼眼去掉，飞行就变得荡来荡去。实验证明正是翼眼的角质组织使蜻蜓飞行的翅膀消除了颤振的危害，这与设计师高超的发明何等相似。假如设计师们先向昆虫学习翼眼的功用，获得有益于解决颤振的设计思想，就可以避免长期的探索和人员的牺牲了。面对蜻蜓翅膀的翼眼，飞机设计师大有相见恨晚之感！

以上几个事例发人深省，也使人们受到了很大启发。早在地球上出现人类之前，各种生物已在大自然中生活了亿万年，在它们为生存而斗争的长期进化中，获得了与大自然相适应的能力。生物学的研究可以说明，生物在进化过程中形成的极其精确和完善的机制，使它们具备了适应内外环境变化的能力。生物界具有许多卓有成效的本领，如体内的生物合成、能量转换、信息的接受和传递、对外界的识别、导航、定向计算和综合等，显示出许多机器所不可比拟的优越之处。生物的小巧、灵敏、快速、高效、可靠和抗干扰性实在令人惊叹不已。

▶ 连接生物与技术的桥梁

自从瓦特在 1782 年发明蒸汽机以后，人们在生产斗争中获得了强大的动力。在工业技术方面基本上解决了能量的转换、控制和利用等问题，从而引起了第一次工业革命，各式各样的机器如雨后春笋般地出现，工业技术的发展极大地扩大和增强了人的体能，使人们从繁重的体力劳动中解脱出来。随着技术的发展，人们在蒸汽机以后又经历了电气时代并向自动化时代迈进。

20 世纪 40 年代电子计算机的问世，更是给人类科学技术的宝库增添了可贵的财富，它以可靠和高

老式蒸汽机

效的本领处理着人们手头上数以万计的各种信息，使人们从汪洋大海般的数字、信息中解放出来，使用计算机和自动装置可以使人们在繁杂的生产工序面前变得轻松、省力，它们准确地调整、控制着生产程序，使产品规格精确。

但是，自动控制装置是按人们制定的固定程序进行工作的，这就使它的控制能力具有很大的局限性。自动装置对外界缺乏分析和进行灵活反应的能力，如果发生任何意外的情况，自动装置就要停止工作，甚至发生意外事故，这就是自动装置本身所具有的严重缺点。要克服这种缺点，无非是使机器各部件之间，机器与环境之间能够"通讯"，也就是使自动控制装置具有适应内外环境变化的能力。要解决这一难题，在工程技术中就要解决如何接受、转换、利用和控制信息的问题。因此，信息的利用和控制就成为工业技术发展的一个主要矛盾。如何解决这个矛盾呢？生物界给人类提供了有益的启示。

人类要从生物系统中获得启示，首先需要研究生物和技术装置是否存在着共同的特性。1940年出现的调节理论，将生物与机器在一般意义上进行对比。到1944年，一些科学家已经明确了机器和生物体内的通讯、自动控制与统计力学等一系列的问题上都是一致的。在这样的认识基

拓展阅读

自动控制

自动控制是指在没有人直接参与的情况下，利用外加的设备或装置，使机器、设备或生产过程的某个工作状态或参数自动地按照预定的规律运行。

础上，1947年，一个新的学科——控制论产生了。

控制论是从希腊文而来，原意是"掌舵人"。按照控制论的创始人之一维纳给予控制论的定义是"关于在动物和机器中控制和通讯"的科学。虽然这个定义过于简单，仅仅是维纳关于控制论经典著作的副题，但它直截了当地把人们对生物和机器的认识联系在了一起。

　　控制论的基本观点认为，动物（尤其是人）与机器（包括各种通讯、控制、计算的自动化装置）之间有一定的共体，也就是在它们具备的控制系统内有某些共同的规律。根据控制论研究表明，各种控制系统的控制过程都包含有信息的传递、变换与加工过程。控制系统工作的正常，取决于信息运行过程的正常。所谓控制系统是指由被控制的对象及各种控制元件、部件、线路有机地结合成有一定控制功能的整体。从信息的观点来看，控制系统就是一部信息通道的网络或体系。机器与生物体内的控制系统有许多共同之处，于是人们对生物自动系统产生了极大的兴趣，并且采用物理学的、数学的甚至是技术的模型对生物系统开展进一步的研究。因此，控制理论成为联系生物学与工程技术的理论基础，成为沟通生物系统与技术系统的桥梁。

　　生物体和机器之间确实有很明显的相似之处，这些相似之处可以表现在对生物体研究的不同水平上。由简单的单细胞到复杂的器官系统（如神经系统）都存在着各种调节和自动控制的生理过程。我们可以把生物体看成是一种具有特殊能力的机器，和其他机器的不同就在于生物体还有适应外界环境和自我繁殖的能力；也可以把生物体比作一个自动化的工厂，它的各项功能都遵循着力学的定律，它的各种结构协调地进行工作，它们能对一定的信号和刺激作出定量的反应，而且能像自动控制一样，借助于专门的反馈联系组织以自我控制的方式进行自我调节。

　　例如我们身体内恒定的体温、正常的血压、正常的血糖浓度等都是肌体内复杂的自控制系统进行调节的结果。控制论的产生和发展，为生物系统与技术系统的连接架起了桥梁，使许多工程人员自觉地向生物系统去寻求新的设计思想和原理。于是出现了这样一个趋势，工程师为了和生物学家在共同合作的工程技术领域中获得成果，就主动学习生物科学知识。

🔎 仿生学的研究方法与内容

仿生学是生物学、数学和工程技术学相互渗透而结合成的一门新兴的边缘科学。第一届仿生学会议为仿生学确定了一个有趣而形象的标志：一个巨大的积分符号，把解剖刀和电烙铁"积分"在一起。这个符号的含义不仅显示出仿生学的组成，而且也概括表达了仿生学的研究途径。

仿生学的任务就是要研究生物系统的优异能力及产生的原理，并把它模式化，然后应用这些原理去设计和制造新的技术设备。仿生学的主要研究方法就是提出模型，进行模拟。其研究程序大致有以下 3 个阶段：

（1）对生物原型的研究。根据生产实际提出的具体课题，将研究所得的生物资料予以简化，吸收对技术要求有益的内容，取消与生产技术要求无关的因素，得到一个生物模型。

（2）将生物模型提供的资料进行数学分析，并使其内在的联系抽象化，用数学的语言把生物模型"翻译"成具有一定意义的数学模型。

（3）根据数学模型制造出可在工程技术上进行实验的实物模型。

当然在生物的模拟过程中，不仅仅是简单的仿生，更重要的是在仿生中有创新。经过实践——认识——再实践的多次重复，才能使模拟出来的东西越来越符合生产的需要。这样模拟的结果，使最终建成的机器设备与生物原型不同，在某些方面甚至超过生物原型的能力。例如今天的飞机在许多方面都超过了鸟类的飞行能力，电子计算机在复杂的计算中要比人的计算能力迅速而可靠。

仿生学的基本研究方法使它在生物学的研究中表现出一个突出的特点，就是整体性。从仿生学的整体来看，它把生物看成是一个能与内外环境进行联系和控制的复杂系统。它的任务就是研究复杂系统内各部分之间的相互关系以及整个系统的行为和状态。生物最基本的特征就是生物的自我更新和自我复制，它们与外界的联系是密不可分的。生物从环境中获得物质和能量，才能进行生长和繁殖；生物从环境中接受信息，不断地调整和综合，才能适应和进化。长期的进化过程使生物获得结构和功能的统一，局部与整体的协调与统一。

仿生学要研究生物体与外界刺激（输入信息）之间的定量关系，即着重于数量关系的统一性，才能进行模拟。为达到此目的，采用任何局部的方法都不能获得满意的效果。因此，仿生学的研究方法必须着重于整体。

仿生学的研究内容是极其丰富多彩的，因为生物界本身就包含着成千上万的种类，它们具有各种优异的结构和功能供各行业来研究。仿生学问世以来的二十几年内，仿生学的研究得到迅速的发展，且取得了很大的成果。

就其研究范围可包括电子仿生、机械仿生、建筑仿生、化学仿生等。随着现代工程技术的发展，学科分支繁多，在仿生学中相应地开展对口的技术仿生研究。例如：航海部门对水生动物运动的流体力学的研究；航空部门对鸟类、昆虫飞行的模拟、动物的定位与导航；工程建筑对生物力学的模拟；无线电技术部门对于人神经细胞、感觉器官和神

广角镜

纳米机器人——分子仿生学新领域

分子仿生学模仿细胞生命过程的各个环节，以分子水平上的生物学原理为参照原型，设计制造各种各样的可对纳米空间进行操作的"功能分子器件"，就是纳米机器人。纳米机器人的研制和开发是 21 世纪科学发展的一个重要方向，对医学和农业将产生巨大影响。

经网络的模拟；计算机技术对于脑的模拟以及人工智能的研究等。在第一届仿生学会议上发表的比较典型的课题有："人造神经元有什么特点""设计生物计算机中的问题""用机器识别图像""学习的机器"等。从中可以看出以电子仿生的研究比较广泛。仿生学的研究课题多集中在以下 3 种生物原型的研究，即动物的感觉器官、神经元、神经系统的整体作用。以后在机械仿生

和化学仿生方面的研究也随之开展起来，近些年又出现新的分支，如人体的仿生学、分子仿生学和宇宙仿生学等。

总之，仿生学的研究内容，从模拟微观世界的分子仿生学到宏观的宇宙仿生学包括了更为广泛的内容。而当今的科学技术正是处于一个各种自然科学高度综合和互相交叉、渗透的新时代，仿生学通过模拟的方法把对生命的研究和实践结合起来，同时对生物学的发展也起了极大的促进作用。在其他学科的渗透和影响下，生物科学的研究在方法上发生了根本的转变，在内容上也从描述和分析的水平向着精确和定量的方向深化。

生物科学的发展又是以仿生学为渠道向各种自然科学和技术科学输送宝贵的资料和丰富的营养，加速科学的发展。因此，仿生学的科研显示出无穷的生命力，它的发展和成就将为促进世界整体科学技术的发展作出巨大的贡献。

力学仿生

　　力学仿生是研究生物体的力学结构及其原理，寻求将其用于技术设计的方法，以创造新型机械设备和建筑结构，或改进飞机、舰船和车辆等。如：模仿企鹅在雪地上快速滑行的特殊运动方式，制成一种轮式"极地越野汽车"，在雪地上行驶时速达到 50 千米；模仿袋鼠跳跃运动方式制成一种采取跳跃方式前进、适宜在凹凸不平的田野或沙漠地带使用的无轮"跳跃机"。

由飞鸟到飞机

飞机发明之后大约 30 年，由于速度不断提高，出现了一种"机翼颤振"现象，往往使机翼突然、断裂，破碎造成惨重的飞行事故。过了许久，人们才弄清原因，想出了在机翼末端前缘加块金属板的办法，从而有效防止了颤振现象的发生。

其实，生物界早就已经有了类似的抗颤振结构。只要我们仔细观察，就可以发现在蜻蜓等昆虫翅膀的末端前缘长有一个色彩明显称作"翅痣"的加厚区。痣就是昆虫翅膀的抗颤振结构，倘若人们能够早一点向生物界学习这种抗颤振本领，何必浪费那么多时日去搜寻设计方案，又何苦要作那些不必要的牺牲！许多事实告诉我们，在已经有了现代飞机的今天，人类仍然有必要继续向飞行动物学习，以求进一步完善特殊飞行本领，不断提高飞机的性能，更快地发展航空技术。

例如，对一种长有 4 只翅膀的沙漠蝗虫所进行的风洞实验表明，它的翅膀所做的优美而复杂的"8"字形运动，能够产生惊人的推进效率。这种昆虫可以连续不断地变换翅膀角度及前后翅

图 飞 机

拓展阅读

昆虫风洞实验

一般来说，昆虫化学生态学的风洞实验是非常接近于田间情况的，利用风洞实验可以模拟昆虫的田间飞翔能力；可以测量昆虫的飞行周期和飞行的持久性；利用风洞实验还可以研究性信息素浓度对昆虫飞行行为的影响。

的相对位置，以便和速度、气压相协调。这是一种比目前最好的人造自动驾驶仪还要精巧得多的自动控制系统。

再如，苍蝇、蚊子、蜜蜂等昆虫，还会做现有的任何飞机都做不到的种种灵活机动的飞行动作：直向上升、垂直下降、陡然起飞、掉头飞行和定悬空中。蜻蜓的翅膀是柔软而单薄的，全长约 5 厘米，重仅 0.005 克，但它却有足够的强度和刚度，每秒钟可以扑动 2040 次，每小时飞行 50 千米。这些都是现代飞机尚不具备的性能和结构特点。鸟类和昆虫的飞行，还有其他许多优异特性也是现代飞机所无法比拟的，因而工程师在设计新型飞机时尚大有文章可做。

🔳 鸟类的"V"形编队

鸟类为什么总是编队高飞远迁呢？说起来，这非常符合空气动力学的原理。如果有 25 只鸟排成"V"形队列做长途迁徙，比起它们各自为政地飞行，要少消耗 30% 的体力。

当鸟朝下扇动双翅时，会在翼稍产生升力。编队中任何一只鸟都可利用这种"相邻升力"进行滑翔，以节省体内能量。鸟类之所以这样做，并非是懂得什么科学理论，而是根据它们的飞行直觉本能地调整各自所处位置的结果。

当鸟群排成水平线飞行时，也能产生"相邻升力"。但这种编队方式，处于当中的鸟获得的升力要大于处于边上的鸟。在"V"形编队中，

鸟的"V"形飞行

分布在各处的鸟获得的升力几乎是均等的，虽然领头鸟面临的阻力要稍大些，但这可由来自两侧的升力得以补偿；而尾部的鸟获得的升力，虽然仅仅来自一侧，但由于汇聚了前面群鸟产生的升力，所以这升力是相当强的。

"V"形编队的另一个优点是，两边可以不必对称，即一侧鸟的数量可以多于另一侧鸟的数量。只要每一侧鸟的数量不少于6只，并且互相保持严格的间距，每只鸟就都能获得足够大的升力。

那么，飞机能不能像群鸟一样编队飞行呢？不能。因为鸟类有肉翅，能靠不断地反复调整准确的双翅形状，以求保持大编队中彼此的间距，并充分利用"相邻升力"。而飞机的机翼却无法灵活多变，因此，如果编队的飞机太多，一旦靠得过近，就极易相撞而粉身碎骨。

昆虫飞行的启示

昆虫的双翅比鸟类先进得多，构造比鸟翼简单，关节活动能力比鸟翼强得多。昆虫不仅在飞行时双翅摆动的幅度大，振动的次数多，而且在栖息时，双翅能够收拢起来，吊在身体后部、侧部或背部。

◎ 长跑冠军

昆虫之所以能在动物界中占有优越地位，主要是靠了它们的翅膀。蜜蜂如果没有灵巧的翅膀，就不可能每天在花丛之中往返忙碌。

昆虫大部分定居在固定的地方。但是也有大约200种昆虫，像走兽和候鸟一样，有每年迁徙的习惯，蝗虫与蝴蝶即是如此。某些昆虫在迁徙时，成群结队，其数量可达几百万

数以万计的蝴蝶迁徙

只。据目击者声称，那些成群迁徙的昆虫，遮天蔽日，连续不断地飞过天空，持续时间短则几小时，长则几天，有时甚至长达几星期之久！最令人惊奇的是这些昆虫持久飞行的能力。它们竟能飞过山岭，横越海洋和整个大陆！

昆虫迁徙时一般同种类在一起飞行，可是往往也有不同类的昆虫，混杂在一起，同时飞行。有时在迁徙的队伍中，不同类昆虫竟达 40 种之多。昆虫中的"长跑"冠军，首推斑蝶。斑蝶生活在美洲大陆。每年秋季，美洲大陆北部的斑蝶，要迁徙到南方。它们首先渡过了辽阔的大西洋，越过亚速尔群岛，然后飞往非洲的撒哈拉大沙膜，或者意大利和希腊等地。另一部分则从北

拓展阅读

黑脉金斑蝶与马利筋

马利筋是一种多年生直立草本植物，全株有毒。黑脉金斑蝶的幼虫却以马利筋为食，它们通过食用马利筋来保护自己。而马利筋为了保护自己免遭食用，也在不断地加大自身的毒性，反过来又促使黑脉金斑蝶不断提高自身抗毒能力，从而保护自己不受毒性影响。

美朝西南方向作长途飞行。它们飞过浩瀚的太平洋，前往数千里外的日本，甚至澳大利亚等地。小小的昆虫，怎么能够进行如此遥远的长途飞行呢？它们怎么会有这样大的持久飞行的能量呢？

斑　蝶

实际上，它们飞行时并没有费力气，因为它们在空中飞行时，并没有摆动翅膀，它们只是张着双翅，让空中的气流把身体托起来，并且巧妙地利用气流变化，进行长途滑翔。虽然人类也能利用滑翔机在空中滑翔，可是滑翔的距离很短，而昆虫在空中滑翔的本领，却比人类高明得多。

昆虫在飞行时振动翅膀的速度，

也远非鸟类所能比拟。科学家在观察昆虫的飞行以后，发现不同种类的昆虫，振动翅膀的频率各不相同，而且相差极大。例如：双翅类、膜翅类和鞘翅类的昆虫，翅膀振动的频率极高，研究人员利用连续快速摄影机和高速电影拍摄机等仪器，把它们飞行时的动作拍摄下来，分析后发现了许多意想不到的情况。蝗虫每秒振翅 18 次，比鸟类拍动双翼速度高得多，可是它与其他昆虫相比，还差得很远。雄蜂每秒振翅 110 次，非洲的舌蝇每秒振翅 120 次，普通的苍蝇每秒振翅 180 次，蜜蜂每秒振翅 236 次。雄蚊每秒振翅 100 次，金龟子每秒振翅 587 次。而一种小蚊蚋，其振翅速度竟达 700～1000 次/秒，真是不可思议的超高速度！

◎昆虫飞行的秘密

昆虫在进行演变的过程中，形成如此神奇的飞行能力，要归功于其控制翅膀的特殊结构。像蝗虫或蜻蜓之类的昆虫，是利用翅膀根部肌肉的伸缩而使翅膀振动，频率较低。另外像苍蝇、蚊子或蜜蜂，则利用其胸腔本身肌肉的弹性，来振动翅膀，振动的频率要高得多。

苍蝇和蚊子之类的昆虫，本来都有两对翅膀，但在进化过程中，它们只剩下前面一对翅膀作飞行之用，后面那一对翅膀则已经退化，变成了一对棒状物，它们在昆虫的飞行中，起着极其重要的作用。原来这对棒状物能维持平衡，如果把它们切去，那么昆虫就再也无法飞行，往往还会迅速死亡。

鲸类潜水的启示

鲸类是哺乳动物中的潜水冠军。抹香鲸可潜到 1000 多米的海洋深处，最长可在水下滞留 2 个多小时。

目前，人类就是穿上带有水下呼吸设备的最先进的潜水服，下潜深度也只有上百米，时间限制在数十分钟，再深了，人体就受不了过高的压力。但鲸类体内却有一系列与深潜相适应的结构与功能。鲸的气管由肌肉膜隔成一个个腔室，并有软骨锁住的阀门系统，可使胸腹腔、肺气管及其他内脏的内部压力与海水压力维持平衡。

另外，鲸的血红素含量特别高，抹香鲸的肌肉因此而红得发黑。血红素含量高能结合更多的氧，保持体内供氧充分。鲸在深水中还能减慢心跳，降低血液流速，节约氧消耗。它的大脑呼吸中枢能承受高浓度一氧化

鲸 鱼

碳的积累，而一般陆上动物却无法做到这一点。鲸类的潜水能力给人类提供了启示，指明了提高潜水能力的目标和方向。

例如寻找一种药物，增加人类肌肉中血红蛋白的含量以储藏更多的氧，再寻找一种降低呼吸中枢对一氧化碳积累敏感的方法，以减少呼吸次数。同时为了承受深海高压可模拟一套阀门装置，防止肺中空气被压出，或者穿上保护外衣，这样人类的深潜能力就能大大增强，人类就有可能深入实地去探明海下的秘密。

➡ 昆虫翅膀引出的螺旋桨

大多数昆虫都作螺旋桨式飞行。在昆虫振翅飞行期间，翅膀的冲击角（翅膀平面和空气流所成的角度）在不断地改变。在理想的情况下，如果昆虫固定不动，则其翅膀末端在挥动时描画出 8 字形曲线或双纽线；当昆虫自由飞行时，此曲线展开为正弦曲线。蚊、蝇、黄蜂、蜜蜂等的飞行便是这样。昆虫翅膀的这种运动，能产生很有效的飞行推进力。它们的神经系统控制着

翅膀的倾斜角度，以与飞行速度和气压匹配。这个自动机构比现在的人造自动驾驶仪还巧妙。

根据对昆虫飞行动力学的研究，许多人在研制昆虫飞机——按昆虫飞行原理飞行的机器。第一架昆虫飞机是一只塑料做的蜻蜓翅膀模型，装上 2.25 千瓦的发动机，现已成功地飞上天空，这类昆虫飞机完全可以充当飞行器。用无线电操纵的昆虫飞机可以用来进行航空摄影，把气象仪器带入高空，也可用于体育或其

昆虫的翅膀

他目的。这种飞行器能以极小的速度飞行，特别是在跳伞前，可以达到飞机所达不到的状态。

因此，它比一般飞机甚至比直升机安全得多，完全排除了飞机由于速度降低而出现的事故。在其他技术领域内，也应用了昆虫的飞行原理。例如，给风车安上能像昆虫翅膀那样挥动的桨叶，可以使它具备明显的优点：在低风速情况下仍能正常工作，只有在无风时才停止工作。

海豚创造的流线型

在交通运输方面，水运因其成本低、载重量大和安全被摆在了首位。但由于水的密度比空气大 800 倍，使船速的提高成了科学界的一大难题。目前，飞机的速度已超过了音速，火车和汽车的速度也有了大幅度的提高，而船舶的速度却难以提高。因此，提高舰船的航速问题，就有着特别的现实意义。

近来，有人提出了一些发动机设计方案，它们在一定程度上模仿了鱼体

运动。人们依照鲸类体型改进了轮船的设计，使船的水下部分不再是刀状，而是鲸类形状，使阻力大大减小，同时，又按海豚的轮廓和比例制造了潜水艇，使航速提高 20%～25%。海豚能轻而易举地超过快艇，速度之快，简直像个鱼雷。毫无疑问，解开海豚的航速之谜，必定会给快速舰船的设计提供新的原理。

原来，海豚和鲸都有一个极好的流线型体形。海豚还有特殊的皮肤结构。海豚的皮肤分两层，外层很薄并且富有弹性，里层长着密密麻麻的突起的弹性纤维网，网的空间处充满脂肪。当高速运动的时候，海豚的皮下肌肉做波浪式运动。所有这一切都大大减少了水的阻力，而潜艇为克服海水的阻力竟需消耗发动机 90% 的推进力。

人们模仿海豚皮肤的结构用橡胶和硅树脂制成了一种"人造海豚皮"。把它包在鱼雷表面，鱼雷所受到水的阻力减少 1/2，速度约增加 1 倍。

拓展思考

海豚和黑猩猩谁更聪明

海豚是一类智力发达、非常聪明的动物，它的大脑体积、质量是动物界中数一数二的。目前，科学家对动物的智力有两种不同的见解：一种见解认为黑猩猩是一切动物中最聪明的；另一种见解却认为海豚的智力和学习能力与猿差不多，甚至还要高一些，是最聪明的动物。

▶ 细胞组织的静体力学

植物表皮的气孔是调节温度的特殊装置。如果进入植物的水分多于蒸发掉的水分，则细胞壁受到压力增大，气孔口便打开，以蒸发掉更多的水分。若气候干旱，蒸发掉的水分多于进入植物的水分时，气孔则关闭。在建筑物墙中可以创造类似的气孔——通风孔，它的开关将根据室内空气的洁净度、温度和湿度进行自动调节。

外膜
内膜
DNA
内含物
基质

细胞结构

细胞内的液体和气体都对细胞壁有一定的压力，它们分别叫作液体静力压和气体静力压，统称为细胞的胀压。如果把植物的嫩茎或叶子折下来，它们过一会儿就会开始变软和枯萎，这和细胞内胀压的降低有关。因而，苹果、葡萄、西红柿，以及花瓣、鱼鳔等都可看作是一种气液静力压系统。现在，气液静力压系统在建筑中已得到广泛应用，这种充气或充液结构，可用来建造厂房、仓库、体育馆、剧场、餐厅、旅行帐篷和水下建筑等，这种建筑物的优点是轻便、施工快、好搬运，对暂时性的建筑尤为方便。

建筑材料可用橡胶布、合成织物和金属薄片等。气液结构还有一个引人注意的地方，即可用来创造自动调节系统，调节小范围内的气候。例如，在门窗的采光部分装上这种系统，天气热时里面的气体膨胀，通风口大开，能很好地通风；天气冷时，通风口自动关闭，以保存室内的热量。利用同样原理建造的帐篷可以自动调节太阳辐射：太阳光强时，充气壳自动加厚；太阳光弱时，充气壳则自动变薄。

 鲫

在我国南海和非洲沿海，生活着一种奇怪的鱼。它身体较长，头部宽而扁，"后脑壳"上长着一个椭圆形的吸盘，盘边有齿状褶皱，就像一枚图章，因此人们管它叫鲫鱼。鲫鱼常利用头上的特殊吸盘，把自己吸附在鲨鱼、鲸、海豚、海龟甚至轮船船底，然后毫不费力地到处旅游。

鲫鱼吸附在附着物上很牢固，以致渔民们可以用鲫鱼"钓鱼"。哥伦布发现新大陆时，在古巴就看到当地人用这样的方法捕鱼：将鲫鱼的尾巴系上一根长绳子，然后饲养在小海湾围成的鱼塘里；当海面上出现鲨鱼或金枪鱼时，就将鲫鱼放入海中；鲫鱼吸附在鲨鱼或金枪鱼身上时，将绳子拖回，就逮住了鱼。这种捕鱼方法，现在在我国南海沿海、加勒比海等处仍为渔民所采用。

拓展阅读

鲫鱼"吊"大海龟

桑给巴尔岛和古巴渔民抓到鲫鱼后，先把它的尾部穿透，再用绳子穿过，再缠上几圈系紧，拴在船后。一旦遇到海龟，他们就往海里抛出 2～3 条鲫鱼，不一会儿，这几条鲫鱼就吸附在大海龟的身上，这时渔民再小心地拉紧绳子，一只大海龟连同鲫鱼又回到了船舱里。

鲫鱼的吸盘为什么会牢牢地吸附在附着物上呢？

原来，鲫鱼的吸盘中间有一纵条，将吸盘分隔成两块，每块都有规则地排列着 22 或 24 对软质骨板，这些软质骨板可以自由竖起或倒下，周围是一圈富有弹性的皮膜。当吸附在附着物上时，软质骨板就立即竖直，挤出吸盘中的海水，使整个吸盘形成许多真空小室。这样，借助外部大气和水的巨

吸附在其他鱼身上的鲫鱼

大压力，鲫鱼就牢牢地吸附在附着物上。

科学家从鲫鱼吸盘的原理中得到启发，发明了"吸锚"。这种"吸锚"

对船只停泊、打捞沉船等都很有用。

乌贼与喷水船

  乌贼的游泳方式很有特色，素有"海中火箭"之称。它在逃跑或追捕食物时，最快速度可达每秒 15 米。它靠什么动力获得如此惊人的速度呢？经过长期的观察和研究，人们终于发现了其中的奥秘。在乌贼的尾部长着一个环形孔，海水经过环形孔进入外套膜，并有软骨把孔封住。乌贼运动时，触手紧紧叠在一起，变成很好的流线型。乌贼有 2 种运动方式：①缓慢运动时，使用大的菱鳍，它以波动的形式周期性弯曲。②快速冲刺时，则利用喷水式运动。水经过尾部的环形孔进入外套膜，然后软骨将孔封住，收缩腹肌便把水从喷嘴射出去。

  人们根据乌贼这种巧妙的喷水推进方式，设计制造了一种喷水船。用水泵把水从船头吸进，然后高速从船尾喷出，推动船体飞速向前。另外，采用喷水推进装置具有速度快、结构简单、安全可靠等优点。

  以往的船舶螺旋桨是在水里转动而产生推动力的，它只能在深水中运用，而喷水推进船在 1 米深的水中便能畅通无阻。就速度而言，采用喷水推进的喷水船可达 30 米/秒。这种原理用于气垫船，可使其航速达 40 米/秒。喷水推进器在水中的噪音很小，敌方水下探测系统不易侦听，同时对自身携带的声呐的干扰也小，所以采用喷水推进的潜艇和鱼雷，对于搜索和接近敌方都极为有利。

喷水船

🐦 啄木鸟啄木与脑震荡

　　清晨，如果你在树林间散步，可能会听到啄木鸟啄木的声音。啄木鸟啄木是为了寻找隐藏在树干内的昆虫。在它们的食谱中所列的昆虫大多数都是对树木有害的。因此，啄木鸟是妇幼皆知的益鸟，并且被人们称为"森林医生"。

　　人们除了对啄木鸟的啄木、灭虫感兴趣外，对它的啄木行为也有极大的兴趣。一些有经验的侦破人员常用手指或其他工具不断地敲打墙壁，然后听回声，凭他们的经验，就可以判断出墙壁里面是否有夹层，从而果断地凿开墙壁将内藏物搜出。啄木鸟似乎也有这套本领，它们在觅食时，飞到树上，用凿形的嘴不停地敲打树木，从这一棵树敲打到另一棵树，一旦觉察到异常的回声后，便用嘴迅速啄木，直到啄开树木，然后用它那富有黏性的舌深入凿开的缝隙内，搜捕昆虫。啄木鸟的头并不太大，那么在平时它的长舌又安置在哪里呢？

丛林的医生——啄木鸟

　　原来啄木鸟的舌并不太长，但是，它的舌根骨有一条带有弹性的肌腱状组织，平时这条肌腱状物由颚下向上伸展，绕过枕骨，经头顶骨进入右鼻孔，呼吸主要由左鼻孔承担。当啄木鸟要捕昆虫时，这条舌根骨就从后脑及下颚向外滑出，这样就可将舌伸至洞内很深的地方，啄木鸟的舌端是角质的，并且带有倒钩，可以将洞内的虫钩出来。尽管啄木鸟的嘴是如此的坚直、壮实，但是，要凿开坚硬的树木没有速度是不行的。人们发现啄木鸟啄木时的啄木速度和频率非常快就意味着啄木鸟在啄木时它的头脑经受的重力加速度也很大。你可以做一个简单的实验，快速地不断点头，没有几下你就会感到头晕眼花，忍受不了。

那么，是什么原因使啄木鸟的脑能承受这样大的重力加速度呢？啄木鸟脑的基本结构同其他鸟相比，并没有太大的差异。人们想到啄木鸟啄木时，在这么大的重力加速度的作用下，要做到脑袋不会被震坏，除非啄木鸟的头和嘴不产生丝毫歪斜，不受到丝毫扭曲力。经过研究和各种实验证明，啄木鸟的颈部肌肉特别发达，啄木鸟啄木时，是利用头和颈部强壮的肌肉非常协调地运动，以精确地配合动作，致使在整个啄木过程中，啄木鸟的头和嘴的运动轨迹几乎成一条几何直线，这样啄木鸟的头脑就能避免扭曲力的影响。你见过一些运载蛋类和酒瓶之类易碎物品的箱盒吗？人们在盒子里安排了一个个大小同运载物体相同的格框，将酒瓶或蛋类前后左右和底部框住，使酒瓶和蛋类不能向前后左右晃动，只能垂直上下的动，这样运载物品就不容易破碎了。啄木鸟头和颈部发达的肌肉限制住头部，不让它在啄木时左右晃动。

如果啄木鸟头和嘴以非常小的角度歪斜，那么它的脑部将被震坏。人们根据啄木鸟避免扭曲力的原理，研制出一种安全帽，帽内有缚带限制住头部，不使它产生在受到震动或撞击时可能发生的危险性歪斜，从而减少了脑震荡。

化学仿生

　　生物体内的成千上万种化学反应都是在酶催化下进行的。酶催化反应的特点之一就是高效性，高效性表现在具备强大的催化能力。自然界中许多生物体内的化学反应可以被人类借鉴利用，化学仿生学由此建立，其任务之一就是通过从生物体内分离出某种酶之后，研究清楚其化学结构和催化机理，在此基础上设法人工合成这种酶或其类似物，用以实现相应的酶催化反应而制得相应的产品。

动物"化学通信"的启示

地球上的动物，如果在其个体之间不能交流寻找食物、逃避敌害和选择配偶等重要信息，它们就不能生存。因此，每种动物都有一套通信联系的独特办法。动物通信使用的"语言"是多种多样的。有些动物使用的是一种"气味语言"。它们发出的有味化学物质，可以用来标明地点、鉴别同类与敌人、引诱异性、寻找配偶、发出警报或者集合群体。我们称这种利用化学物质传递信息的方式为"化学通信"。但是，负责这项工作的，

臭 虫

却不都是鼻子。比如，昆虫是用头上的触角来分辨气味，而海洋哺乳动物鲸都是靠舌头来感知气味的。

前苏联科学家用臭虫做实验。臭虫稍一受压，即散发出臭臭的"芳香质"，剂量不大，但足以使周围的"同胞"不再爬向它所在的地方。如果压得重一点，发出的"芳香质"浓度便增大。这时附近的臭虫就屏息静伏，庆幸自己没有落难。

昆虫用来吸引异性的"性引诱素"是最有效的传信素，这是保证昆虫延续后代的重要手段之一。借助于性引诱素，雄舞毒蛾能被 0.5 千米外的雌蛾所吸引；雄蚕蛾则可找到 2.5 千米以外的雌蛾。而天蚕蛾、枯叶蛾的雄蛾，则能被 4 千米以外的雌蛾引诱去进行交配。性引诱素是一种极其微量的化学物质。一只雌舞毒蛾仅能分泌 0.1 微克性引诱素，但这已足够引诱来 100 万只雄蛾。

由此可见，雄虫的性引诱素接收器是极其灵敏的。雄虫的接收器就是触角上的嗅觉感受器。就作用距离、精确性等方面来说，昆虫触角要比目前的机载雷达的性能好。可以设想，昆虫触角的结构特征和功能原理将为新型的航空雷达提供设计原理。

经过多年的研究，人们终于搞清了家蚕蛾、舞毒蛾、棉铃虫等昆虫性引诱素的结构，并人工合成了多种"人造性引诱素"。这就给人类提供了一种新型捕杀害虫的有效方法。只要把一种昆虫的人造性引诱素置于涂有虫胶的捕虫器中，这种昆虫的雄虫便会兴冲冲地飞来自投罗网。还可采用一种"扰乱法"来消灭害虫，就是使性引诱素充满有害虫危害地域的空气中，雄虫便无法辨别单个雌虫放出的性引诱素了。雄虫找不到雌虫交配，害虫也就断子绝孙。用这些办法防治害虫，可以避免长期使用化学杀虫剂（农药）所引起的许多不良后果。

▶ 鳄鱼式海水净化设想

海员们都知道，海水是不能喝的，因为越喝越渴。为了在海洋上远航，船舰上必须装载大量淡水，这样就使船只的有效负荷下降。当然，也可以装上海水淡化器，但目前这种设备结构复杂、费用昂贵，而且效率低，不能根本解决问题。

另外，航海中如遇到海难，海上遇难者既不可能随身携带淡水，也不可能背上这种海水淡化

广角镜

流泪的海龟

海龟在生蛋时，爬到陆地上来，眼睛里流着"眼泪"。仿生学家这样解释道：海龟的眼窝后面，有一种排盐的腺体，叫盐腺。这种盐腺把进入到海龟体内多余的盐分，通过眼睛的边缘点点滴滴地流出，看上去好像海龟在流泪。因为海龟有盐腺，所以，它能吃海里的海藻和海鱼，喝海里的海水。

器,这样就使海上遇难者的喝水问题不能得到解决。如果我们能像鳄鱼、海龟那样,以简便的方法使海水淡化,那将给航海事业带来巨大的变革。

动物 "淡化器" 与海水淡化

地球上的水并不少,海洋面积就占地球总面积的71%,陆地面积仅占29%,而且其中还包括了许多江、河、湖、泊、溪、涧等。地球上的水97.2%是海水,海水中溶解有复杂的化学成分。海水不但苦涩,难以下咽,而且越喝越渴,所以在远航中必须带足淡水。由于海水含有大量的盐类,就连用来灌溉农作物也不行,因此,生物体能直接利用的是淡水。其主要分布在江、河、湖、泊、地下水、高山积雪和冰川等,仅占全球总量的2.8%。随着现代工业、农业的飞快发展和人民生活用水量的日益增加,如果不注意节约用水,再肆意破坏水资源,那么地球上的淡水危机就会到来。为了避免这种灾难的发生,人们首先想到的当然是海水淡化,设法将海水变为淡水。世界上许多国家都建立了海水淡化工厂。通常用的方法是蒸馏法,使海水急速蒸发,蒸发产生的水蒸气冷凝后得到淡水。目前采用的一些新方法是从一些动物中得到启示而研制成功的。

有一种海鸟叫信天翁,分布于太平洋,冬季也可见于我国东北及沿海各地。成熟的信天翁全身纯白,仅翼端及尾端呈黑色,翅膀很长。它们能一连数月,甚至常年在海上生活,累了在水面上歇息,饿了捕食海中的鱼,喝的当然是海水,因为它们只有在繁殖的时候才返回荒岛和陆地。信天翁能喝海水引起了人们的注意,人

信天翁

们急于了解它们是怎样解决海水中的盐分问题。经过研究，人们发现信天翁的鼻部构造与其他鸟类不同，它的鼻孔像管道，所以称为管鼻类。在鼻管附近有去盐腺，这是一种奇妙的海水淡化器，去盐腺内有许多细管与血管交织在一起，能把喝下去的海水中过多的盐分隔离，并通过鼻管把盐溶液排出。以后人们相继发现许多海洋动物都有把海水淡化的本领，如海燕、海鸥、海龟和海水鱼等。

海水鱼终生生活在海水里，喝的当然是海水，而且全身都浸没在海水中，它们又是如何解决海水中的盐分问题呢？人们当然也不会放过对这一问题的研究。水生动物的体表通常是可渗透的，鱼体内的渗透压和水环境的渗透压差别很大，鱼类与体外水环境的水分动态平衡是通过渗透压调节和体液中盐分含量的渗透作用调节来维持的。

海水含盐量高，海水硬骨鱼血液和体液的浓度比海水要低，因此体内水分就会不断地从鳃和身体其他表面渗出，为的是保持体内水分代谢的动态平衡。一方面海水硬骨鱼必须大量吞饮海水，这样体内盐分就会增加。那么，又如何解决这个矛盾呢？海水硬骨鱼的鳃部有一种特殊的能分泌盐类的细胞，把过多的盐分排出体外；另一方面，海水硬骨鱼肾脏的肾小球的数量很少，肾小管重新吸收水的能力强，从而使排尿量减少到最低限度。

知识小链接

硬骨鱼

硬骨鱼是水域中高度发展的脊椎动物，广泛分布于海洋、河流、湖泊各处。其类型之复杂、种类之繁多可为脊椎动物之冠。硬骨鱼的主要特点在于骨骼的高度骨化，头骨、脊柱、附肢骨等内骨骼骨化，鳞片也骨化了。

就现有的研究材料来看，这些海洋动物虽然各有自己的海水淡化器官，把喝进去的海水盐分排出体外，但是这些"淡化器"基本上都是用细胞的半渗透膜来脱盐淡化海水的，如口腔膜、内腔膜、表皮膜和鳃微血管膜等都是细胞膜，通常称为生物膜。它们喝进海水后，首先在口腔内通过吸气对腔内不断加压，压力差使一部分水渗过黏膜进入体内，而大部分盐则被阻隔在口腔内，随水流经鳃裂或排泄道排出体外。人们根据这个道理，研制出反渗透膜海水脱盐淡化装置，对海水施加大于渗透压的压力，使海水中水分通过渗透膜，而盐分则被隔在外面，从而得到淡水。

其次，海水中的盐分总有一些进入机体内，通过泌盐细胞的特殊功能，以自身微弱的生物电形成电磁场，把海水中的盐类，如氯化钠的两种电离子分离，在电场的作用下，将离子渗出膜外，而将水分留在机体内。人们根据这个道理，研制出电渗析膜海水淡化器，在直流电场作用下，使海水中的盐类分解成正、负离子，使它们分别通过阳极渗透膜、阴极渗透膜向正极和负极运动。然后收集留在两渗透膜中间的淡水。

乌贼与烟幕弹

乌贼有施放"烟幕弹"的杀手锏。原来，在乌贼体内长有一个墨囊，里面贮满了浓黑的墨汁。每当它突遇强敌，无法逃脱之时，就立刻喷出一股浓墨，把周围的海水染成一片漆黑。在对方惊慌失措的一刹那，它便趁机溜之大吉。

乌贼的这一招启迪了人们，在现代海战中，交战双方为了掩护己方舰船的进攻或撤退，就经常施放烟幕弹。

萤火虫与照明光源

萤火虫会发光，很多人都知道。萤火虫发光是为了照明吗？不是，它的发光是作为一种招引异性的信号。停在叶片上的雌萤火虫见到飞过的雄萤火虫发出的荧光后，立即放出断续的闪光，雄萤火虫见了就会朝它飞去。

在自然界除了萤火虫外，会发光的生物很多。动物界大约有 1/3 的生物会发光；海洋中会发光的细菌已知有 70 余种。热带和温带海面上出现的"海火"奇观，就是无数发光细菌聚集在一起放出的光所致。在某些深海水域，几乎 95% 的深海鱼类都会发光，一种斧头鱼，身体只有 5 厘米长，浑身透明，具有一系列的发光

发光的萤火虫

器，它在光线难以透进的深海中发光扩散而照亮了一定的范围，使得斧头鱼能在黑暗中辨别同类、寻找对象。其实人本身也能发光，当然放出的光绝不会像神话小说中所描述的那样头上有光环，而是放出肉眼所不能见到的超微光。

爱迪生发明了电灯，取代了用火照明。电灯无烟、光亮而且安全。但是，当你靠近开亮的电灯泡，就会感觉到热，愈是接近愈觉得热，这说明电只有使灯泡的钨丝烧热才能发光，而且大部分能量都以红外线形式转变成热散发了。

生物光是目前已知唯一不产生热的光源，因此也叫"冷光源"，其发光效率可达 100%，全部能量都用在发光上，没有把能量消耗在热或其他无用的辐射上，这是其他光源办不到的。

人们研究生物光，虽然对生物发光的机制还了解得不多，但就现有的研究和了解，已取得一定的成果。通过对萤火虫的研究，已知萤火虫有 1500 多种，各自发出不同的光，作为自己特有的求偶信号，不同种之间不会产生误会。萤火虫的发光部位是在腹部，那里的表皮透明，好像一扇玻璃小窗，有一个虹膜状的结构可控制光量，小窗下面是含有数千个发光细胞的发光层，其后是一层反光细胞，再后是一层色素层，可防止光线进入体内。发光细胞

是一种腺细胞，能分泌一种液体，内含两种含磷的化合物：一种是耐高热，易被氧化的物质叫荧光素；另一种不耐高热的结晶蛋白叫荧光酶，在发光过程中起着催化作用。在荧光酶的参与下，荧光素与氧化合就发出荧光，氧是从发光层的血管进入发光细胞的。由于血管随着它周围肌肉收缩而收缩，当血液中断供应时，氧就不能到达发光细胞，荧光也随之熄灭。生物发光需要氧，是英国化学家波义耳在实验基础上发现的。

英国化学家波义耳

波义耳将装有发光细菌瓶中的空气抽出，细菌立即停止发光。将空气重新注入，细菌又马上发光。后来才知道是空气中含氧所致。发光反应所需的能量是来自一种高能化合物，叫三磷酸腺苷，简称 ATP。美国的研究人员将萤火虫的发光细胞层取下，制成粉末，将它弄湿就会发出淡黄色的荧光，当荧光熄灭时，若加入 ATP 溶液，荧光又会立即重现，说明粉末中的荧光素可被 ATP 激活。因此，萤火虫每次发光，荧光素与 ATP 相互作用而不断被重新激活。

生物发光和光合作用都是"电子传递"现象。有人认为生物发光好像是光合作用的逆反应。光合作用是绿色植物吸取环境中的二氧化碳和水分，在叶绿体中，利用太阳光能合成碳水化合物，同时放出氧气。光能从水分子上释放电子，并把电子加到二氧化碳上，产生碳水化合物，这是一个还原过程。光合作用把光能转变成化学能，而生物发光是电子从荧光素分子上脱下来和氧化合，形成水，产生光。生物发光是将化学能转变成光能。

人们研究生物光是为了利用它，这种冷光源效能高、效率大、不发热、不产生其他辐射、不会燃烧、不产生磁场，对于手术室、实验室、易燃物品库房、矿井以及水下作业等都是一种安全可靠的理想照明光源。人们还可以设法模仿发光生物把一种形式的能量转换成另一种形式的能量，制造冷光板，使其不需要复杂的电路和电力，就能白天吸收太阳光，到晚上再将光能放出来。

人们先是从发光生物中分离出纯荧光素，后来又分离出荧光酶。现在已能人工合成荧光素，这就使人类模仿生物发光创造出一种新的高效光源——冷光源成为可能。但是，人们对生物发光的认识还很肤浅，就拿研究得较多的萤火虫来说，萤火虫发光是为了交配，然而萤火虫的卵刚产下时，内部也发着光，萤火虫幼虫也会发光，这些又是为什么？它们是怎样发光的？人们都还不了解。因此，人类对生物发光研究得越清楚，对于创造这种新光源必然会越有利。

◤ 蚕与人造丝

丝绸是一种比较名贵的织物，我国是丝绸的故乡。直到现在，人们还常常把丝绸同中国的古老文明连在一起。

在古时候，丝绸只有富人才穿得起，它也就成了身份和地位的象征。

以前的丝绸，是用蚕吐出的丝做成的。人们经过研究发现，蚕丝是一种蛋白纤维。人们用桑树的叶子喂蚕，经过一段时间，蚕吐出丝，结成茧，人们把茧经过处理，抽出丝然后才能织出衣料。随着时间的推移，天然的蚕丝越来越不能满足人们的生产需求。于是，人们便想，能不能模仿蚕吐丝用人工的方法生产"蚕丝"呢？

蚕

纤维

纤维一般是指细而长的材料，具有弹性大、形变小、强度高等特点。天然纤维根据来源分植物纤维、动物纤维、矿物纤维。化学纤维分人造纤维、合成纤维、无机纤维。

丝绸

1855 年，瑞士人奥蒂玛斯用硝化纤维溶液成功地制取出纤维。1884 年，法国人夏尔多内将硝酸纤维素溶解在乙醇或乙醚中制成黏稠液，再通过细管吹到空气中凝固而成细丝。1933 年，蛋白质纤维开始生产。

人造丝的生产，为纺织业提供了大量原料。1942 年，世界人造丝产量超过了真丝的产量。现在，我们见到的那些五光十色的丝绸，大部分都是人造丝。如今的丝绸，已经进入百姓家。

昆虫的"性导弹"与杀虫技术

19 世纪末，法国昆虫学家法布尔做了一次有趣的试验：把一头新孵化的天蚕雌蛾，装进一个用纱布缝制的口袋里，在桌上放上一夜，第二天发现有 40 多头同样的雄蛾闯进了这间屋子围着那头雌蛾。不动声色的雌蛾，怎么会招来如此之多的雄蛾呢？原来昆虫也有它们自己的语言和通信方式。

蟋蟀、蝼蛄的雄虫，靠翅膀震动、摩擦发出声音；雄蝉腹部有两片薄膜，进行鼓动鸣叫；有些蚁类却用头部敲击巢穴产生声音，这是它们的"声音语言"。然而，更多的昆虫是靠体内腺体分泌一种微量化学物质进行通讯联系的，这种微量化学物质称为信息素。信息素常有特殊气味，在空气中扩散迅速。某一昆虫释放信息素之后，同种的其他昆虫通过感受器接收，接收到的昆虫，就能知道对方所在的方位和所持的要求，这就是昆虫的"气味语言"。

目前，人们已经查明 100 多种昆虫信息素的化学结构，并根据这种化学结构和性能引发昆虫不同行为的特征进行分类。如：引起同种异性个体产生性冲动与配偶行为的性信息素；帮助同类寻找食物、指引道路的示踪信息素；通知同种个体对劲敌采取防御或进攻措施的示警信息素；召唤同种昆虫聚集过冬的集合信息素等等。

拓展阅读

昆虫告警信息素

昆虫在受到惊扰时会放出告警信息素。有一种斑点紫苜蓿蚜虫，当受到"敌人"侵袭时，立即释放出一小滴液体，使附近的蚜虫停止进食而离去。该液体物质经证明为一种倍半萜，是一种高度不稳定的烃。

人们已搞清楚，性信息素大部分产生于雌性个体，大约有 300 多种昆虫具有这种本领，大多数属于蛾类，有 90 多种昆虫的雄虫，也能产生性信息素，其中蝶类就占 40 多种。一种雌虫分泌的性信息素，只对同种雄虫有作用，而对别种昆虫则毫无效果，因此，昆虫不会产生种族混乱的现象。

一般来说，雌性昆虫分泌的性信息素，作用距离较远，引诱力也强；雄性昆虫分泌的性信息素，作用距离较近，只起安定雌虫接受交尾的作用。交尾后停止分泌，不产生气味物质，产生性信息素的腺体，雌性多集中在腹部或头部，而雄性多分散在胸、腹、足、翅等部位。感知性信息素的感受器，大多分布在头部触角或口须上。性信息素的气味，能在大气中维持几分钟。每当雄虫感知气味之后，它像一枚"性导弹"，径直射向气味分子密度最大的地方，与雌虫交尾繁殖后代。

由于性信息素具有强大的引诱能力，人们就可以把害虫性信息素制成诱捕器，设在田间收集成虫，预测其幼虫的发生时期和数量，制定防治对策，指导大面积治虫工作。也正因为性信息素诱虫能力强，在虫子密度极低的情况下，甚至肉眼难以发现的地方，也能把虫子"叫出来"，因此这种测报害虫的办法很准确。

把性信息素和杀虫剂等结合使用，也可以消灭大量害虫。美国农业部的科研人员，发现东方果实蝇性信息素的核心物——甲基丁香酚有很强的引诱力，用一张浸有甲基丁香酚的纸片，在一天内就诱得雄虫 94～96 个。后来把甲基丁香粉和二溴磷杀虫剂浸泡在甘蔗渣压制板上，在太平洋的一个小岛上做实验，每隔 2 个星期用飞机投掷 1 次，连续 15 次后，所有的雄虫都被杀死了，剩下的雌虫也因未能找到配偶而死去，从而使这个小岛上的这种害虫暂时绝种。

此外，采用人为释放性信息素，使田间空气中布满气味分子，雄虫因无法辨认雌虫所在方位而找不到雌虫，或者因气味感受过度疲劳而丧失灵敏的反应，以致干扰害虫正常的交尾活动，减轻对作物的危害。应用性信息素防治农林害虫，使用剂量极微，可把害虫诱集到一个很小的范围内，甚至不接触土壤和作物，就可以把它们消灭。即使有所接触，也很容易被生物分解，不会污染环境。性信息素具有高度的专一性，仅对某一防治对象有效，不误伤有益生物，害虫也不会产生抗药性，故有"无公害农药"之称。

性信息素的天然提取物的获得，需要饲养大量的害虫，甚至要在半无菌条件下进行，其难度很大。现在，科学家们已攻克了一道道技术难关，模拟性信息素的化学结构，人工合成了性引诱剂，开始在大面积生产上试用。

我国科学工作者，自 1972 年以来，合成了铃虫、麦蛾、二化螟等 20 多种农业害虫的性引诱剂。上海有机化学研究所和昆虫所协作，合成的棉红铃虫性引诱剂——烯烃酯类化合物，经大面积的田间试验，取得了明显效果。

性引诱剂的合成，为农药事业的发展，展示了一个十分诱人的前景。

◑ 生物的善趋气与引诱剂

鲜美的鲑鱼是一种珍贵的自然资源。科学家发明了一种带特殊刺鼻气味的无色液体，叫"莫福林"。让幼鲑鱼从小生活在滴有"莫福林"的水中，它就会熟悉并记住这种气味，然后把幼鲑鱼放养在河中。当这些鲑鱼长大后，就会顺着河流奔向大海的"牧场"去长肥。秋天来临后，这些

鲑鱼

鲑鱼自己回到河里，去寻找那带有"莫福林"气味的故乡，繁殖产卵，这时就可以捕捞了。

> **基本小知识**
>
> ### 鲑　鱼
>
> 鲑鱼又称三文鱼，是深海鱼类的一种，具有很高的营养价值和食疗价值。鲑鱼是一种非常有名的溯河洄游鱼类，它在淡水江河上游的溪河中产卵，产后再回到海洋肥育。

为什么蚊子专爱叮某些人呢？因为这些人皮肤上的汗气最讨蚊子喜欢。人的汗里有赖氨酸和乳酸。用人工合成的赖氨酸和乳酸，可以吸引蚊子，再消灭掉。番茄的气味能吓退雌菜蛾的进攻，桂竹香植物的气味使得雌菜蛾逃跑。从大侧柏中可提炼出一种叫"芒酸酰胺"的气味物质，可以消灭埃及蚊，驱除蟑螂。从荆芥里提取一种叫"单萜烯"的气味物质，也能驱除许多害虫。

蚊 子

从大蒜中可分离出一种叫二烯丙基化二硫的气味物质，可代替杀虫剂，消灭蚜虫、菜蝶、马铃薯甲虫和蚊子的幼虫，防治马铃薯块茎蛾、棉红铃虫、棕榈红象鼻虫和苍蝇。

鲨鱼的嗅觉尤其敏锐，只要闻到极少量人或血腥的味道，就会从远处游来。用海绵浸渍醋酸铜和黑色染料做成的防鲨剂，挂在潜水员身上，当凶残的鲨鱼向潜水员游来时，就会突然转身，吓跑了。原来鲨鱼闻到了类似它的同伴尸体腐烂时所发出的气味。

蜘蛛丝与防弹衣

蜘蛛织网的技能很高，而且结构合理、形状多样。三角形的、八卦状的、漏斗形的、圆币形的、不规则形的等。蜘蛛按一种高级几何曲线"对数螺线"的无穷曲线形式织网。斑点金蛛织出比自行车轮还大的巨大圆网。危地马拉有一种蜘蛛，总是几十只汇聚在一起集体吐丝，织出硕大的网。这种网有美丽的图案，而且还能抗风抵雨，不易损坏。当地居民竞相采用这种蛛网来做窗帘。

知识小链接

对数螺线

对数螺线是一根没有尽头的螺线，它永远向着极绕，越绕越靠近极，但又永远不能到达极。据说，使用最精密的仪器也看不到一根完全的对数螺线，这种图形只存在科学家的假想中。

美国马萨诸塞州研究中心的军事科学家和分子生物学家们经过深入研究，发现了蛛丝的不少奥秘。首先，蛛丝的延伸力很好。眼下，世界上流行的防弹衣使用的凯夫拉纤维，其延伸力超过 4% 时就会断裂，而蛛丝延伸到 14% 还安然无恙，超过 15% 才会断裂。蛛丝这种极强的延伸力，对于来自子弹的外力冲击能起到很好的缓冲作用，因此，它是一种最理想的防弹服装的材料。蛛丝的另一大特点是它的"玻璃化转变温度"极低。实验证明，蛛丝在 $-60℃ \sim -50℃$ 的低温下才出现"玻璃化"状态，开始变脆。而现行的大多数聚

防弹衣

合物的"玻璃化转变温度"只有零下十几度。蛛丝的这一特性，使其制作的降落伞、防弹衣和其他装备，即使在冰点以下的环境里仍具有良好的弹性；在骤然而至的重物袭击下，依然有极佳的承受能力。

▶ 高效率的催化剂

生物的活细胞，是天然化工厂。生物在进化过程中，获得了能有效地合成生命运动所必需的一切有机物的惊人本领。

生物的活细胞，是一个"反应堆"。在细胞中，可同时发生几千个化学反应，而且完成这些反应的速度极快。例如，由缬氨酸开始，合成一条由 150 个氨基酸组成的肽链仅需 1 分钟。尤其惊人的是，只需要在常温、常压下就能完成这些反应。相比之下，现代的化学合成技术是何等"笨拙"，不但必须在高温和几百个大气压下才能反应，而且最多只能同时进行几十个反应。

二者的差别为什么会这么大？最根本的原因就在于，在活细胞的化学反应中，起着支配和调节作用的是生物酶。据估计，一个活细胞中往往含有几千种生物酶，它们的催化效率比化学工业上应用的无机催化剂要高得多，而且有很强的选择性，一种酶仅仅催化一种特定的反应，并且往往只是一个反应，这也大大加强了生物酶的催化作用。因此，人们正在努力寻找把酶反应应用到化学工业和化学分析中去的有效方法。但是，生物活细胞中酶的含量极少，要提取和纯化它们是十分困难的。因此，要在化学工业和化学分析中广泛采用生物酶去催化化学反应，几乎是不可能的，而人工模拟合成生物酶，才是可行的途径。

不过，生物酶本身是一种蛋白质，是由一连串氨基酸组成的。其化学结构远比无机催化剂复杂，因而要用非生物化学方法严格地模拟酶也相当困难。经过进一步研究，发现在酶的蛋白质链中，不是所有的氨基酸分子都具有同样重要的作用，起催化剂作用的只是其中的"活性点"的那一部分。因此，研究酶的活性点的结构是模拟生物酶的一个重要途径。

知识小链接

蛋白质

蛋白质是由多种氨基酸分子组成的高分子化合物，是生物体内含量最多的一类化合物。蛋白质被誉为生命的"基础"，有生命的地方，就有蛋白质。

目前，在石油工业、化学反应工业的生产过程中都广泛采用了催化剂。催化剂能够使一些化学反应的速度加快，而它们本身在化学反应结束后却没有什么损耗，也不发生化学变化，这种能使化学反应加快的本领是催化剂的一个特点，称为"活性"。催化剂的活性越高，被它催化的化学反应速度就越快。催化剂的活性是个很复杂的问题，许多原因现在还不很清楚。

当前比较普遍的看法是，在有催化剂的化学反应中，当参加反应的不同分子在互相进行化学反应之前，催化剂就先和反应分子接触，通过一些特殊的物理和化学作用，使这些反应分子的化学结构发生了有利于化学变化的反应。

因此，催化剂也是积极参加反应的，但是在反应之后还能从反应中分离出来，仍然保持原来的性质。例如，在室温条件下，把氢气和氧气按 2：1 的比例放入玻璃瓶内密封，即使经过很长时间，也只有少量的氢气和氧气发生反应而成水。但是，如果在瓶内加入少量的白金粉末，绝大部分的氢气和氧气几乎立即化合成水，而白金粉末的数量和质量都没有发生改变。催化剂的另一个特点是对所催化的化学反应方向有选择性，使化学反应沿着某一方向进行。

◗ 化学武器的诞生

自化学武器问世以来，曾给一些国家带来灾难，使无数人在化学战中丧生。因此，它遭到了全世界爱好和平人们的强烈反对，国际公约也明确禁止在战争中使用化学武器。但一些国家仍在不断地研究和生产。化学武器是怎样发明的呢？这还得从一种名叫气步甲的小虫谈起。

知识小链接

化学武器

化学武器是以毒剂的毒害作用杀伤有生力量的各种武器、器材的总称，是一种大规模杀伤性武器。化学武器是在第一次世界大战期间逐步形成的。

气步甲的肚子里有一个能进行化学反应的反应室。反应室一端通向肛门，另一端有两个管道，分别通向体内的两个腺体。这两个腺体一个生产对苯二酚，另一个生产过氧化氢。平时这两种化学物质分别贮存，不会相互接触。一旦遇到敌害，气步甲便猛地收缩肌肉，把这两种物质压入前面的反应室。

在反应室里，过氧化氢酶使过氧化氢分解，放出氧分子；在过氧化物酶的作用下，对苯二酚被氧化成醌。反应放出大量的热，在气体压力下喷射出来的醌水化合物达到了沸点，就发生了爆炸声并形成一团烟雾，从而吓退各种敌人。

还有一种小动物的技术比气步甲更高一筹，在它的反应室里分解成的氢氰酸和苯甲酸，以蒸气形式喷射出去，一次喷的氢氰酸足以将几只耗子毒死。

在自然界里，使用"化学武器"防御敌害的小动物还不少。它们同气步甲的防卫原理一样，产生出醋酸、蚁酸、氢氰酸、柠檬酸等，对敌实施攻击或防御。

火箭里的液态氢和液态氧也是分别存放的，它们有管道通向反应室，火箭点燃后，将液氧、液氢压到反应室，液氢和液氧发生剧烈的化学反应，生成水和大量的热。水在这种高温下变成水蒸汽猛烈从尾喷管喷出去，产生强大的反作用力，推动火箭前进。化学武器是将反应室里反应所产生的有毒物质再由炸弹爆炸产生的冲击波散发出去。

化学武器作为一种人类相互残杀的工具是应当被禁止的，但小动物给我们的启示并非只能制造化学武器。

◉ 生物膜的模拟

生物膜是指包围整个细胞的外膜。对于真核生物还包括处于细胞内具有各种特定功能的细胞器的膜，如细胞核膜、线粒体膜、肉质网膜等等。生物膜是生物细胞的重要组成成分，它具有复杂的细微结构和各种独特的功能。

真核细胞的生物膜约占细胞干重的 50% ~ 70% ，它作为一种结构为细胞提供了细胞内的支持骨架，使酶和其他物质有秩序地排列在细胞内外的"骨架"上，因而保证了细胞内有条不紊地进行成千上百的各种反应，保证了生命活动的正常进行。

知识小链接

真核生物

真核生物是由真核细胞（细胞核具有明显的核被膜所包围的细胞）构成的生物，具有细胞核和其他细胞器。所有的真核生物都是由一个类似于细胞核的细胞（胚、孢子等）发育出来，包括除病毒和原核生物之外的所有生物。

生物膜的构造是非常复杂的，它的成分主要是蛋白质和脂类物质，此外还有少量的糖、核酸和水。其中脂类物质规定膜的形态，蛋白质则赋予膜的特殊功能。

蛋白质与脂类的比例在不同的细胞膜中是不同的，对于功能复杂的膜，其蛋白质的含量也比较高。

构成膜内脂类的主要成分是磷脂，它是一个两性分子。每一个磷脂分子由极性部分和非极性部分组成。生物膜中的磷脂呈双分子层平行排列，极性部分排列于双分子层的外表面，非极性部分朝着膜的内部，这就形成了膜的基本结构。蛋白质和酶等生物大分子主要结合在膜的表面上或者由膜的外侧伸入膜的中部，有的甚至可以从膜的一侧穿透2层磷脂分子而暴露于膜的另一侧。在暴露于膜外侧的蛋白质分子上有时还带有糖类物质。这些蛋白质、酶和糖类物质在生物膜上的位置并非固定不变，而是处于一种不断运动的状态。膜的各项生理功能主要是由蛋白质、酶、糖类所决定的。

目前对于生物膜基本结构的了解，被认为是具有疏水性的膜蛋白与不连续的脂双层的镶嵌结构。对于水溶性的物质如金属离子、糖类、氨基酸等透过膜是一个"屏障"。但是活着的正常细胞，水溶性的小分子物质仍然可以穿过细胞膜。

细胞对某种物质所具有的浓缩功能，使某物质在细胞内的含量远远超过细胞外的数量，这种物质被输送到膜内是逆着浓度差进行的。这类输送过程称为"主动运输"，而且要消耗代谢能量。如果在主动运输过程中停止能量的供应，主动运输就变成"被动运输"，将膜内高浓度的物质顺着浓度差的方向输送至细胞外，直至被输送的物质在细胞内外的浓度相等为止。

总之，膜的选择性输送功能，主要是通过膜上的载体蛋白的作用实现的，载体蛋白使膜的渗透率提高，且有高度的选择性。具有选择透过性是生物膜的一个特性，使细胞能接受或拒绝、保留（浓缩）或排出某种物质。

人工模拟生物膜输送物质的功能，把载体应用于化学分离，由此而产生的一种新的分离技术——液膜分离技术，为化学工业实现高速、专一分离目的开辟了一条新途径。人们可以根据不同的分离对象而设计不同的在液膜中进行的平衡反应。可以预料液膜分离技术在气体分离、海洋资源的开发和应用中将起到巨大作用。而对于生物膜化学模拟工作的广泛开展也将推动对生物膜的深入研究。

生物体内的魔术师——酶

生物体内有一种奇妙的蛋白质叫作酶，生物体内发生的一切化学反应都是在酶的催化作用之下实现的。酶是一种催化剂。

催化剂能促进化学变化，但是在化学变化的前后，它本身的量和化学性质并不改变。酶在生物体内，也能起促进化学变化的作用，所以我们可以把它叫作生物催化剂。

酶字的一半是"每"字，"每"种生物，"每"个器官，"每"个细胞里都有酶；生物体内的"每"种生化反应都需要酶。酶的品种很多，它们分工严格，专一性很强，一种酶只能催化一种反应，就像一把钥匙只能开一把锁一样。

科学家们研究酶的秘密，想要造出一种具有酶的功能而又比酶稳定的人工催化剂。前几年，有人成功地模拟了硫酸酯酶（也就是说用人工的方法造出了硫酸酯酶）。这种酶的本领比天然的硫酸酯酶还要大。后来，又有人成功地模拟了过氧化氢酶和血红蛋白。血红蛋白有可能用于人工肺中，以挽救垂危的病人，也可以给长跑运动员、潜水员带来方便。

拓展阅读

酶最适温度

一般来说，动物体内的酶的最适温度在 35℃ ~40℃，植物体内的酶的最适温度在 40℃ ~50℃；细菌和真菌体内的酶的最适温度差别较大，有的酶的最适温度可高达 70℃。

有一种酶叫固氮酶，模拟这种酶现在已经成为农业科学的重要课题。大家知道，各种庄稼在生长过程中都需要大量的氮肥，空气中本来就有大量的氮，可惜大部分庄稼都不能从空气中直接吸收，需要人工施肥。只有大豆、花生等豆科植物例外。这是因为，它们的根部有大批根瘤菌，根瘤菌里的固氮酶能利用空气中的氮合成氨，供给植物吸收。

固氮酶很早就被人发现了，但是要人工造成这种酶很不容易，科学家们经过几十年的努力，才制成了有固氮本领的模拟酶。它们在室温（一般指 15℃ ~25℃ 的温度）和常压下，几秒钟内就可以使空气中的氮和水中的氢直接结合成"联氨"，联氨经过加温以后可以释放出氨，供植物吸收。氨是植物的"粮食"，也是化学工业的基本原料，不远的将来，当人们能够大量生产固氮酶的时候，氨的产量也会大大增加。到那时候，化学工业和农业生产一定会飞速发展，出现魔术般的奇迹。

▶ 奇妙的化学反应

人们曾把草藤栽在绝对纯净的蒸馏水中，除了加入少量的钙盐作为养料之外，植物的生长几乎不与外界发生物质交换。但经过一个多月的时间之后，发现草藤中的磷元素比原来减少了，而钾元素却增加了 1/10 左右。

这是什么缘故呢？这种能将一种元素转化为另一种元素的奇妙本领，常常使近代的科学家们感到惊奇。因为迄今为止，科学工作者只能利用原子反应堆或回旋加速器等复杂的设备，才能使一种元素转化为另一种元素。但植物却不同，它们能在常温、常压下，轻而易举地完成这项艰巨的工作。

知识小链接

原子反应堆

原子反应堆又叫核反应堆或反应堆，是装配了核燃料以实现大规模可控制裂变链式反应的装置。

非凡的化学本领还表现在其他的许多方面，如非生命物质向生命物质转换的过程。绿色植物就是一个天然的有机化学工厂，它们能吸收外界的无机物质，并把无机物质转化为有机物质，制造出各种供人和动物食用的果实、香料和药物。除此之外，一些植物还具有能合成蛋白质的本领。

机体最基本的功能——新陈代谢，它能不断地产生新的细胞和组织，以取代衰老无用的东西。在这整个过程中，生物的活细胞就具有合成生命活动所必需的一切有机物质的非凡本领。号称人体化工厂和仓库的肝脏，它不仅是机体内三大营养物质——碳水化合物、蛋白质和脂肪的制造者，而且还具有解毒、生成维生素 A、调节水和盐的代谢、贮藏血液等功能。

小小的肝脏具有这样巨大的功能，研究表明，它除了在构造上的复杂性和特殊性之外，在机体内还有一整套非常经济、有效的化学合成本领。

有一个有趣的故事，在某个牧场里，由于年景不佳，牧草大多长得矮小、枯黄。但奇怪的是有一块牧草却长得十分茂盛，远远看去，就像沙漠中的绿洲一样。为什么呢？经过仔细分析，原来这块绿洲的附近有一个铜矿工厂，许多抄近路走的工人，常常从这里走过，工人皮靴下沾着的许多铜矿粉，也就大量地留在这个地方，于是这里就长出了一片绿茵茵的牧草。这个事实清楚地告诉我们，微量元素在生物的生长过程中，能起到"维生素"的作用。

研究表明，生物体中的微量元素，常常与生物体内各种主要酶的活动有极为密切的关系，而各种酶又是机体基本代谢活动的支持者。所以说，如果酶的组成部分发生变化，生物体内的正常活动就会失调，进而会引起各种疾病。微量元素与人体的构造有密切的关系。

如果某些地区由于水分或土壤中缺少碘，则当地的许多居民就会患一种"粗脖子"病。在过去，人们常把这种病和霍乱、伤寒、猩红热等疾病联系在一起，当作传染病看待。随着人们对微量元素的逐步认识，这个谜终于揭开了。给病人服用一些食盐并加上几千分之一的碘化钾，就可以治疗这种疾病了。

溴对人体和动物机体中的血液、脑和肾脏的工作，起着很大的作用。如果它的含量减少，则人体和动物的神经系统就会出现故障。

研究还表明，由于生物体内各种机体具有不同的构造和功能，所以机体中各部分微量元素的含量，也不完全一致。例如在动物的有机体中，锂主要集中在肺里，镍主要集中在胰腺里，铜主要集中在脑子里，钡主要集中在眼睛的视网膜里，锡主要集中在舌头的黏膜里。

由于血液是机体各部分营养物质的来源，所以里面含有 30 多种微量元素。因为肝脏是血液的制造者之一，研究测定，肝脏里面含有更多的微量元素。

▶ 化学仿生研究前景展望

生物体是一个天然的、规模巨大的"化学工厂"。这个天然的"化学工厂"里面存在着无穷无尽的奥妙，等待着我们去发掘和利用，这就是仿生学在化学领域中面临着的一个艰巨任务。对于化学仿生，目前研究得比较多的，仅局限在以下几个方面：

第一方面，是利用人工的方法，按照天然物质的结构形式，合成许多重要的物质，如生物碱、维生素、激素和抗生素、蛋白质，甚至核酸片段；或者对天然物质的部分结构加以改造，合成更有生物活性的物质，如按照某些蛾类性引诱剂的结构，合成一种可以消灭害虫的农药。

第二个方面，是借用个别生化反应的机制，来改进人工合成的技术。如在新陈代谢过程中起

拓展阅读

生物碱的来源

含有生物碱的植物有 100 多个科，双子叶植物中的茄科、豆科、毛茛科、罂粟科、夹竹桃等所含的生物碱种类特多，含量也高。生物碱存在于植物体的叶、树皮、花朵、茎、种子和果实中，分布不一。一种植物往往同时含几种甚至几十种生物碱。

重要作用的氢化可的松。虽说人工可合成这种物质，已有很多年的历史了，但步骤繁多，可一些微生物活细胞却能轻而易举地完成这项任务。

第三方面，是酶的模拟和酶的应用，我国最早可以追溯到远古的时代。约在战国以前，就已经利用淀粉酶水解来制造饴糖。利用酶来控制疾病，在我国也很普遍，如中药里的陈曲，就是一种非常重要的药剂，特别是在治疗胃病时常常用到它。

酶是构成机体细胞与组织的一种特殊蛋白质，分子量很大，高温时就会失去活性。它也是生物合成中用的蛋白质催化剂。它和化学工业中应用的无机催化剂相比，具有催化效率高、作用条件温和、专一性强等特点。

定向导航仿生

　　候鸟每年不远万里从南飞到北，又从北飞到南，无论是白天还是黑夜，从不迷失方向；一些昆虫每年都要跨越大陆和海洋，到数千里之外的地方过冬，从不迷失方向，鱼类也有类似的神奇功能。其中的秘密就在于它们拥有一套神奇的定向导航系统，正是这些神奇的定向导航系统才让它们无论是在白天还是黑夜，也无论是在苍茫大海，还是在茫茫戈壁，都能准确找到前行方向。通过对这些定向导航系统的研究，人类开发出了很多也具有定向导航的设备，并应用于多个领域。

动物远程导航的启示

　　候鸟南来北往，沿着一定的路线飞行。科学家用雷达观察，发现在夜里飞行的候鸟比在白天飞行的多得多。这真奇怪，难道夜里比白天更容易识别方向吗？人们因而想到，也许有的候鸟是靠星星来认路的。为了证明这种猜想，科学家对北极的白喉莺进行了实验。这种鸟每年秋天从巴尔干半岛向东南飞，越过地中海，到达非洲，再沿着尼罗河向南飞，到这条河的上游去过冬。它主要在夜间飞行。

基本小知识

候鸟的迁徙

　　候鸟是指随着季节变化而南北迁移的鸟类。夏天的时候候鸟在纬度较高的温带地区繁殖，冬天的时候则在纬度较低的热带地区过冬。夏末秋初的时候候鸟由繁殖地往南迁移到过冬地，而在春天的时候由过冬地往北返回到繁殖地。

　　科学家把白喉莺装在笼子里，带进了天象馆里，那里有人造的星空。当天象馆的圆顶上映现出北极秋季夜空的时候，站在笼子里的白喉莺便把头转向东南，就是在秋季飞行的那个方向。然后，人造星空根据白喉莺飞行的方向逐渐改变位置，白喉莺随着星象的变化，使自己始终朝着它所要飞行的方向。

　　这个实验证明，白喉莺能根据它看到的天空里的星星，来辨别自己的方向。人们还发现，在大海中来回游

白喉莺

的生物也有这种本领。鱼类和海龟迁徙的准确性也不逊色。一种鳗鱼从内河游入波罗的海，横过北海和大西洋，而后便准确地到达百慕大和巴哈马群岛附近产卵。生活在巴西沿海的绿海龟，每年 3 月便成群结队地游向 2200 千米之外的产卵地——大西洋中的阿森匈岛，在岛上产卵后，6 月又游回巴西沿海。

动物远程导航的奇异本领，以及它们精巧的天然导航仪，长时间以来一直吸引着许多研究工作者。人们逐渐弄清楚，许多鸟类和其他动物体内都有精确计算时间的"生物时钟"，可以根据时间确定太阳或星星的方位，因而能够利用大阳或星星作为定向标；而另外一些种类的动物则可利用海流、海水化学成分、地磁场、重力场等进行导航。

候鸟迁徙

人类早就知道在航行中利用星星来辨别方向了，然而利用眼睛识别星星的本领，比起那些动物来差多了。

现在人们设计了一种由光敏元件、电子计算机和操纵机构组成的导航仪。光敏元件就像"眼睛"，它能够一直瞄准星星，当星光偏离预定航线时，"眼睛"就会向电子计算机报告，电子计算机马上就能计算出应当校正的误差，命令操纵机构自动调整航向。

▶ 昆虫隐身术的启示

昆虫的隐身术是相当高明的。一只蝴蝶落到花朵上，看上去好像是为花朵增加了一个花瓣；苹果树上的蜘蛛从不结网，只是静静地躲在花上，变成

与绿色、绿树融为一体的蝗

跟花一样的颜色，轻而易举地捕捉前来栖息的幼虫。

在军事技术当中，也有类似的隐身技术。像侦察中的化装术和通讯中的干扰术，飞机和导弹的隐身术等，都是隐身技术。不过，这里的"隐"字，不是对眼睛说的，而是对雷达、红外电磁波和声波等探测系统说的。

目前，军用飞行器的主要威胁是雷达和红外探测器。用什么办法对付这种威胁呢？科学家们经过刻苦地研究，隐形材料应运而生了。隐形材料是指那些既不反射雷达波，又能够起到隐形效果的电磁波吸收材料。它是用铁氧体和绝缘体烧结成的一种复合材料。这种材料是由很小的颗粒状物体构成的。电磁波碰到它以后，就在小颗粒之间形成多次不规则的反射，转化成热能被吸收了。这样，雷达就收不到反射波，也就发现不了飞行器。

到20世纪80年代初，神秘的飞行器隐身技术有了新的突破。1983年底，日本防卫厅宣布，它跟美国国防部合作研制出了一种雷达发现不了的新导弹。这种新导弹上面涂有含有特殊合金的铁酸盐涂料，它可把雷达的电磁波迅速转化成热能。目前，除了先进技术轰炸机正在试飞行外，实用的隐身巡航导弹、隐身飞机等都将问世。

昆虫导航的启示

在自然界中，有一些昆虫每年都要跨越大陆和海洋，到数千里外的地方去过冬。它们除了具有惊人的"长跑"本领以外，还能在茫茫大海上空，不迷失方向，准确地向目的地前进。这究竟是怎么回事呢？另外，蜜蜂离巢到很远的地方去寻找蜜源，尽管它们在花丛中反复迂回穿行，但仍能准确无误地飞回自己的蜂巢，这又是什么原因呢？最近研究表明，某些昆虫之所以能辨别方向，似乎与太阳方位关系不大，因为长途迁徙的昆虫，即使在黑夜中也在继续向目的方向飞行。真正的原因，是由于这些昆虫身上含有氧化铁，虽然氧化铁的数量极微，但它足以感受到地球磁场的变化。

昆虫在千万年进化过程中，逐渐形成这样奇妙的飞行能力，是大自然的一种奇迹。研究仿生学的科学家们，也许有朝一日将从昆虫的飞行中，获得有益的启示，来改进将来飞机的设计，并创造完全新颖的飞行机器！

👆 昆虫棋翅的启示

苍蝇等双翅目昆虫后翅的痕迹器官——棋翅，不但能使昆虫不用跑道而直接起飞，而且是使昆虫保持航向的天然导航器官，因此又称为平衡棒。昆虫飞行时，棋翅以 330 次/秒的频率不停地振动着。当虫体倾斜、俯仰或偏离航向时，棋翅振动平面的变化便被其基部的感受器所感觉。昆虫的脑分析了这一偏离的信号后，便向一定部位的肌肉组织发出指令去纠正偏离的航向。

人们根据昆虫棋翅的导航原理，研制成功了一种"振动陀螺仪"。它的主要组成部件形似一个双臂音叉，通过中柱固定在基座上。音叉两臂的四周装有电磁铁，使其产生固定振幅和频率的振动，以模拟昆虫棋翅的陀螺效应。当航向偏离时，音叉基座随之旋转，致使中柱产生扭转振动，中柱上的弹性杆亦随之振动，并将这一振动转变成一定的电信号传送给转向舵。于是，航向便被纠

棋　翅

正了。

由于这种"振动陀螺仪"没有普通惯性导航仪的那种高速旋转的转子，因而体积大大缩小。受到这类生物导航原理的启示，人们逐渐地发展了陀螺的新概念，还制成了高精度的小型"振弦角速率陀螺"和"振动梁角速度陀螺"。这些新型导航仪现已用于高速飞行的火箭和飞机，能自动停止危险的"翻滚飞行"，自动平衡各种程度的倾斜，可靠地保障了飞行的稳定性。

◆ 由鱼类推出的声呐系统

海豚的声呐系统是动物界的典范，它的大脑听觉区域的组织很复杂，由耳发出的听神经也很粗大。海豚用脉冲探测较远距离的目标，以避开暗礁和船只；探测近距离物体和觅食时则用短的脉冲。当海豚朝向看不见的目标时，往往压低或抬高头部，这大概能帮助它用超声波"探索"物体，这样就能更有效地捕捉到它们。海豚声呐定位系统的这些优点，正是声呐的研制者们所要努力借鉴的。

人们利用鱼类发出和接受超声波的特性，创造了简单又有效的声学渔具——拟饵钩。把两片凸形金属或塑料薄板固定成比目鱼形状，中间安装了一个回形管。当"比目鱼"在水中迅速运动时，通过回形管的水流产生超声波，便可诱来凶猛的鱼类。

◆ 夜蛾的启示

炎夏之夜，万籁俱寂，一场无声的"空战"正进行得十分激烈：号称"活雷达"的蝙蝠跟踪着夜蛾，步步逼近！只见蝙蝠张开了嘴巴，夜蛾危在旦夕……就在这千钧一发之际，夜蛾连翻几个筋斗，收起了翅膀，落到地上，它竟然溜之大吉了!

夜　蛾

　　鳞翅目夜蛾科的通称,全世界约 2 万种。成虫口器发达,下唇须有钩形、镰形、锥形、三角形等多种形状,少数种类下唇须极长,可上弯达胸背。喙发达,静止时卷曲,只有少数种类的喙退化。复眼半球形,少数肾形。触角有线形、锯齿形、栉形等。额光滑或有突起。

　　众所周知,蝙蝠有着精巧的超声波定位系统,因此捕食昆虫十分准确。有时,它在 1 分钟之内能捕食到 19 只蚊子,真令人拍案叫绝。但是,夜蛾为什么能够在蝙蝠的追踪下死里逃生呢?原来,夜蛾具有一套精妙的反声呐系统,这使它足以对抗蝙蝠的侵袭。在夜蛾的胸腹之间,有一个特殊的听觉器官,叫作鼓膜器,可以接收蝙蝠发出的超声波。当它接听到蝙蝠发出的超声波时,就可以及时逃避。要是鼓膜神经脉冲达到饱和频率,则说明蝙蝠已经逼近,情况万分危急。这时,它就翻跟斗、转圈子、曲折飞行……以逃避敌人的追袭。

　　夜蛾对抗蝙蝠的"法宝"还不止这一个。它的足关节上有个振动器,能发出一连串的超声波,干扰蝙蝠。有些夜蛾身上长着一层厚厚的绒毛,能吸收超声波,使蝙蝠收不到足够的回声,从而大大减弱了蝙蝠"声雷达"的作用。

夜　蛾

　　夜蛾的反探测系统如此精致、巧妙,为武器设计者打开了新思路。生物界有不少奇妙的构造,正等待着我们去发现和学习呢!

导弹红外跟踪术

在美洲、澳洲、非洲的某些地区，常会听到一种"嘎啦嘎啦"的声音，没有经验的人以为这是溪水发出来的流水声，可是在这声音的四周，却没有小溪。原来这不是什么流水声，而是一种毒性极强的蛇，剧烈地摇动尾巴而发出的响声。这就是大名鼎鼎的"响尾蛇"。

响尾蛇

为什么它的尾巴会发出响声呢?

大家在观看篮球比赛时，注意到裁判吹的哨子了吧! 它是一个铜壳子，里面装上一层隔膜，形成两个空泡，当人用力吹时，空泡受到空气的振动，就发出响声。响尾蛇尾巴也有类似的构造，不过它的外壳不是金属，而是坚硬的皮肤形成的角质轮。由这种角质轮围成了一个空腔，空腔的内部又由角质膜隔成两个环状空泡，也就是两个空振器。当响尾蛇剧烈摇动自己的尾巴时，在空泡内形成了一股气流，随着气流一进一出地往返振动，空泡就发出一阵阵声音。角质轮的生长不是很有规律的，但据动物学家认为，大致上是一年长两轮。因此，根据角质轮的多少，就可以比较正确地判断出它的年龄来。响尾蛇的角质轮所发出的声音，很像溪流的水声，用这种响声来引诱口渴的小动物，也是一种捕食的方法。

响尾蛇经常捕捉耗子等小动物作为食物。奇怪的是，它的眼睛已经退化了，怎么还能捉住行动敏捷的耗子呢? 科学家经过观察研究发现，响尾蛇的两只眼睛的前下方，都有一个凹下去的小窝，这是一种特殊的器官——探热

趣味点击　响尾蛇死后咬人的秘密

响尾蛇奇毒无比，被它咬后如不及时救治很难存活，岂不知死后的响尾蛇也一样危险。一项研究指出，响尾蛇即使在死后一小时内，仍可以弹起施袭。这是因为响尾蛇在咬噬动作方面有一种反射能力，这种反射能力不受脑部的影响。

器，能够接受动物身上发出来的红外线。这种探热器反应非常灵敏，温度差别只有 $0.001℃$，它就能感觉到。所以，只要有小动物在旁边经过，响尾蛇就能立刻发觉，悄悄地爬过去，并且准确地判断出那个猎物的方向和距离，窜过去把它咬住。

国外有一种空对空导弹（由飞机在空中发射，攻击空中的目标），名叫"响尾蛇导弹"。为什么叫它"响尾蛇导弹"呢？因为它像响尾蛇一样，只要周围温度有一点变化，它就能分辨出来。

物理学告诉我们：任何物体，只要它没有冷到绝对零度，总会辐射一种人眼看不见的红外线。红外线和可见光一样，也是电磁波的一种，只不过它的波长比可见光的还要长。

在漆黑的夜晚，没有了可见光，你就什么也看不见。可是，如果你使用红外线望远镜来观察，你眼前的景物就会如同白昼一样的清晰。为什么

响尾蛇导弹

呢？因为它不是靠可见光，而是靠物体辐射的红外线来看见物体。

响尾蛇导弹上装有探测红外线的装置。在空战中，由于敌方的喷气式飞机不断喷出灼热的气流，辐射着红外线，于是响尾蛇导弹就能追踪红外线辐射源的方向，直到追上飞机把它击毁为止。

不过，要对付这种红外制导的导弹，也不是没有办法。有一种红外曳光

弹就是专门对付这种导弹的。它辐射的红外线同喷气式飞机辐射的红外线差不多，导弹遇上它就会上当受骗，丢开飞机去追它，结果和它同归于尽，而飞机却安然无恙。

蜂眼与天文罗盘

蜜蜂的眼睛

蜜蜂的每只复眼由 6300 只小眼组成，每只小眼又有角膜、晶体、色素、视觉细胞等，因此可以形成独立景象，是一种"检偏振器"。蜜蜂可以根据天空的偏振光来确定太阳位置，不会在阴雨天迷失方向，利用这个原理制成偏振光天文罗盘，可帮助海员在雨天根据偏振光确定航海坐标。

知识小链接

偏振光

光是一种电磁波，电磁波是横波。振动方向和光波前进方向构成的平面叫作振动面，光的振动面只限于某一固定方向的，叫作平面偏振光或线偏振光。

蝙蝠与"探路仪"

船只、舰艇上装备的现代声呐，可以搜索隐蔽在水中的目标，如潜艇、水雷、鱼群、冰山、暗礁以及浅滩，也可侦察到在水面上航行的舰船。在一定距离之内，两艘装有声呐的舰艇还可相互通信。声呐探测目标的作用距离为几千米，用来通信则可以达到更远的距离。声呐是人们经过长期苦心研究，在第一次世界大战期间发明的。在自然界，有些动物也有类似的声呐，而且结构比人造的更简单、性能更好。其中，研究最多的是蝙蝠的声呐系统。

蝙蝠是昼伏夜出的动物。不论是在茫茫暮色之中，还是在伸手不见五指、漆黑一团的岩洞和古庙里，它都能飞来飞去，从不会相碰或撞到什么东西上，而且捕食时有惊人的灵活性和准确性，1分钟内竟能捕到十几只蚊子。这是因为蝙蝠有一双特别敏锐的夜视眼吗？不是。即使将它的双眼完全封住或弄瞎，蝙蝠仍

蝙　蝠

能自由自在地飞翔。经过长时间的研究，人们终于弄清楚，蝙蝠的视力是很差的，它之所以有接近于"明察秋毫"的本领，正是因为它生有一套天然声呐系统。

蝙蝠的喉咙可以发出很强的超声波，通过嘴和鼻孔向外发射出去，从而构成蝙蝠声呐的"发射机"。它的接收机就是耳朵。根据耳朵接收到的反射回声，蝙蝠能够判断物体的距离和大小。人们把这种根据回声来探测物体的方式，称为"回声定位"。

蝙蝠的耳朵很大，内耳也特别发达，能够接收频率很高、但密度很低的超声波回声。令人吃惊的是，蝙蝠竟能在1秒钟内发出250组超声脉冲，同时也能准确地接收和分辨同一数目的回声。蝙蝠声呐的分辨本领很高，它能分辨用0.1毫米粗的线织成的网，并能根据网洞大小而收缩两翼敏捷飞过。它能把从昆虫身上反射的超声信号与地表、树木等反射的信号区分开。

蝙蝠的声呐可以同时探测几个目标，抗干扰能力也特别强。即使人为地

去干扰它，蝙蝠声呐仍能有效地工作。成千上万只蝙蝠同住一个岩洞，它们都使用声呐，但却互不干扰。人造声呐却很难排除声波折射和水下反响现象的干扰。

蝙蝠声呐还具有结构紧凑、体积小巧的特点。人们模仿蝙蝠的定位系统，制成了盲人用的"探路仪"和"超声眼镜"。这两种仪器可以发射超声波、接收回声信号并将其转变为人耳能听到的声音。经过一定训练，盲人凭"听"声音就能知道路面情况，避开障碍物了。

海豚与水下回声探测器

海豚不仅以快速游泳著称，而且不管白天、黑夜，水质清澈、混浊，都能准确地捕到鱼，这是因为海豚具有超声波探测和导航的本领。无线电波在水中会被吸收，故无线电探测装置在水下无用武之地，相反超声波却在水下能远距离传播，因此水下超声波探测装置的效能极高。

快速游泳的海豚

海豚没有声带，其声音源来自它头部内的瓣膜和气囊系统，海豚把空气吸入气囊系统，连接它们的瓣膜，空气流过瓣膜的边缘发生振动，便会发出声波。海豚头的前部还有"脂肪瘤"，它紧靠瓣膜和气囊的前面，起着"声透镜"的作用，能把回声定位脉冲束聚焦后再定向发射出去，因此海豚的定位探测能力极强。

现在模拟的海豚回声探测器已用于海洋舰船的航行，帮助轮船绕过浅滩和暗礁，探测海底深度，搜索潜艇，寻找打捞沉船，导航和探测鱼群等。潜水员随身携带的轻便回声探测器也已经诞生，利用耳朵就能探测水下的目标。

➤ 竖起的耳朵及天线

一些动物，例如牛、鹿、马、长颈鹿等都有较大的耳朵。耳朵的直径越大，它增强信号的能力就越显著。耳朵在长度上增加时，"竖起耳朵听"就能探测一个水平的扇形区域，听到可疑的声音，再把耳朵变换一个位置，又探测一个垂直的扇形区域，这样，就为准确确定声源创造了条件。

鹿

根据这个原理，把无线电定位器的天线加长，一根天线水平安装，另一根天线垂直安装，结果提高了探测目标的准确度。

信息与控制仿生

　　信息与控制仿生是研究与模拟感觉器官、神经元与神经网络以及高级中枢的智能活动等方面在生物体中的信息处理过程。例如人们研究和模拟苍蝇的感觉器官制成了小巧而灵敏的气体分析仪，如今这种仪器已经被应用到宇宙飞船的座舱中，用来检测气体，也应用于分析气体的电子计算机上，对气体进行精密的分析。

动物味觉的启示

人和哺乳动物的味觉感受器主要是分布在舌背面的味蕾。舌背面有许多细小的突起，叫乳突。它可分为 3 种：轮廓乳突，分布在舌根部，有 8 ~ 12 个，排列成倒"八"字形；菌状乳头，分布在舌尖和舌的边缘部，这两种乳突里面，味蕾很多；此外，还有一种叶状乳突，普通哺乳动物都有，但人类则已退化掉，这种乳突也含味蕾。乳突中散布有

拓展阅读

味蕾的"尝味"能力

味蕾对各种味的敏感程度不同。人分辨苦味的本领最高，其次为酸味，再次为咸味，而甜味则是最差的。人的味蕾能觉察到稀释 200 倍的甜味、400 倍的咸味、7.5 万倍的酸味和 200 万倍的苦味。

神经纤维。味蕾在口腔黏膜的其他部位也有分布。味蕾呈球状，由 2 ~ 12 个纺锤状的味细胞和支柱细胞构成，味细胞上有刚毛突出在味蕾上方的味孔处。

一般舌尖主要感觉甜味，舌的边缘感觉酸味，舌根主要感觉苦味，咸味则整条舌都能感觉。人的舌头非但能尝出何种味道，而且还能尝出这种味的浓淡，一直到现在，国际上名酒等饮食评比，都还是以人的品尝为主。人的味蕾约有 10 000 多个。并不是所有的动物都有舌，也不是所有的味觉感觉器都分布在口中。原生动物和海绵用整个身体去尝味。

苍蝇的口器上有一片海绵状小板，叫唇瓣，苍蝇用它不断地到处伸探。科学家把唇瓣上的一根细毛放入糖液中，并使它接上微电极，可立即在电流计中看到反应，说明苍蝇察觉到味道，正在作出反应。苍蝇的前足上也有感觉毛，它们也可用足来品尝食物，苍蝇前足对糖的敏感度比口器强 5 倍。

有些鱼类的触须具有味觉。圆头鲇能觉察到前方较远处向己游来的猎物，

如果破坏它的嗅神经，它仍然保持这种能力。但是，如果破坏它的味神经，这种能力立即消失。淡水鱼的味蕾多数分布在鳃腔内，当水流经鳃腔，同时也经过味蕾，产生味觉。有些鱼类的味蕾散布于全身，以此探测整个水域。鲇鱼靠味觉来获取食物，而靠嗅觉来维持其群体生活。

在蜥蜴和一些蛇类的鼻腔下面，具有 1 对由口腔背壁向腭部内凹的弯曲小管，叫锄鼻器或贾科勃森氏器。管内有许多与鼻腔中的细胞相似的感觉细胞，并且通过嗅神经的大量分支与脑联系，并有眼腺分泌物润滑，就像唾液腺分泌唾液湿润口腔一样。由于毒蛇的唾液腺已演化成毒腺，因此，

蜥　蜴

眼腺可能是替代唾液腺分泌唾液，起湿润毒蛇口腔的作用。只要空气中所含的少量化学分子通过锄鼻器，就能分辨这些分子是什么物质，可见它有辅助嗅觉的作用。但是，锄鼻器的末端是一盲端，没有导向体外的开孔，只有开口于口腔的孔，蛇不断地用它那分叉的舌头伸出口外，探测空气中的气味，当舌摄取到空气中的化学分子后，便迅速将舌回缩入口，再到锄鼻器中，产生味觉。

刚出生的小蛇虽然从未吃过任何东西，但是，对浸在水中的小动物，也会吐出舌头，作出进攻的反应。因此，很难分清锄鼻器究竟是嗅觉器官还是味觉器官，这也说明很多动物的嗅觉和味觉往往是混杂在一起的，因为它们都靠化学分析的方法起作用。

人们研究动物的味觉器官和嗅觉器官，对研制理想的气体分析仪器是有益的。人们研究和模拟苍蝇的感觉器官制成小巧而灵敏的气体分析仪，已被应用于宇宙飞船的座舱中，用来监测气体；也应用于分析气体的电子计算机上，对气体进行精密的分析；还用来监测潜水艇和矿井等逸出的气体，以便及时发出警报。

动物"热感受器"的启示

夏天的夜晚，甲、乙两人同睡在一间房内，灯刚关掉，讨厌的蚊子就"嗡嗡"地在人耳边侵扰。一只蚊子刚停落在甲的脸颊上，甲觉得被叮了一下，立即用手打去，将蚊子打死。甲高兴地喊道："我打死了一只雌蚊子。"乙听罢，不能理解，房间内是黑暗的，伸手不见五指，又怎能看清蚊子的雌雄，便嘲笑甲道："老兄的眼睛真行，竟然能在黑暗中看清蚊

趣味点击

蚊子叮人 "挑肥拣瘦"

蚊子吸人血，还会"挑肥拣瘦"，专门寻找合乎"口味"的对象。蚊子在熟睡的人们的枕边"嗡嗡"盘旋时，首先叮咬体温较高、爱出汗的人。因为体温高、爱出汗的人身上分泌出的气味中含有较多的氨基酸、乳酸和氨类化合物，这类化合物很受蚊子的"青睐"。

子的雌雄!"事实上，甲打死的确实是只雌蚊子，不过甲不是用眼去看清，而是用他掌握的知识去作出的正确判断，因为只有雌蚊子才吸血，而雄蚊子只吸吮植物的汁液。

蚊子在黑暗中看不见甲，然而蚊子又是怎样发觉甲的呢？不是甲发出的声音，也不是甲的气味，更不是蚊子瞎碰乱撞，而是蚊子对甲身上发出的热的感应。

人和所有温血动物一样，体温都是相对恒定的。也就是说机体所产生的热和散发的热基本相等，由于温血动物产热率相对稳定，因此有皮肤、汗腺和肺等散热调节与产热恒定相适应，从而使体温保持在相对恒定的、稍高于环境温度的水平，这是由于机体在冷环境温度下散热容易，在低于环境温度下生活，会引起"过热"而致死。人体散热主要是皮肤的辐射热和汗腺的蒸

发热，其次是肺通过呼吸散发部分热。

温血动物的辐射热其实是一种红外线，亦称红外光，在电磁波谱中，波长介于红光和微波间的电磁辐射。它是一种肉眼看不见的光，但是有显著的热效应，人们用特殊的灯照射物体，用滤镜挡住所有肉眼可见的光，只让红外线透出，通过红外线望远镜，如军用窥探望远镜和瞄准望远镜等才可看见。

但是，在自然界，有不少动物具有能接收红外线信息的结构。雌蚊子的红外线探测器是它的触角，呈环毛状。雌蚊子觅食时，不断地转动一对触角，当两条触角接收到的辐射热相同时，就知道可被吮血的温血动物就在正前方，雌蚊子就朝目标飞去。根据离热源愈近，所接收到辐射热愈多的原理，就能准确地测知辐射热源的方位。

蛇类中有一些蛇，如产于美洲、尾端有角质环、摆动时能发出响声的响尾蛇，分布于我国的蝮蛇，吻鼻部向上翘起的五步蛇，美丽的竹叶青蛇和头似烙铁的烙铁头等，它们的眼睛与鼻孔之间有一凹窝叫颊窝，具有极灵敏的红外线感受作用。将一条蒙住双眼的响尾蛇放在两只灯泡的下面，灯泡不亮时，响尾蛇毫无反应，显得

蝮　蛇

很安静，当开亮其中一只灯泡时，响尾蛇立即昂首张口朝着它，显得异常兴奋，而对那只不亮的灯泡不予理睬。将颊窝神经暴露出来，插上微电极，将颊窝神经细胞的电变化引导出来，显示在示波器上，然后给颊窝加以化学、声音和机械等多种刺激，在示波器上没有显示出脉冲变化。

但是，当用手或热的物体去靠近它时，示波器上立即显示出强烈的脉冲变化，表明它处于兴奋状态。颊窝具有极强的抗干扰能力和分辨能力，并能在环境温度下起作用。颊窝被一层薄膜分隔成内外两个小腔。内腔以小孔开口于皮肤，使内腔与环境的温度一致，并可调节内外腔间的压力。颊窝上密

布有三叉神经末梢质体，为红外感受单位，包含有许多线粒体。外腔方向指向前方，当热量到达颊窝时，窝内的空气膨胀，颊窝膜两侧温度就不同，神经末梢便兴奋，刺激神经细胞，产生脉冲传给脑中枢，信息被加工后，脑中枢便发出攻击猎物的命令。在电子显微镜下，可以见到神经末梢受刺激后，线粒体的形态发生改变，线粒体可能构成初级红外感受器。

目前对颊窝的灵敏度已能测检，但对其机制还不完全了解，有颊窝的蛇靠它的颊窝在黑夜中猎食，颊窝接受来自前方的辐射热，左右两个颊窝的感觉场是重叠的，并且有一定的感觉距离。通常蛇体盘起时比游动中感觉距离要远一些，只要感觉到有和环境温度稍差异的物体都会引起蛇的注意。蟒蛇的红外感受器在头的正面和唇边，叫唇窝。深海乌贼的红外感受器在尾部的下表面，叫热视眼。此外，鸡虱、臭虫、蚂蚁等动物都有感受红外辐射的能力。

拓展阅读

动物可以感受紫外线

人类不能感受紫外线，但不少动物却能感受到。昆虫对紫外线很敏感。蜜蜂喜欢红花，并非受花的红色所吸引，而是被红花所反射的紫外线所吸引，它们能接收、感受到紫外线。蚂蚁、蝇类也能感受紫外线。

人们已经制造出灵敏的温度计和红外探测装置等。例如响尾蛇导弹，是一种空对空导弹，就是将红外探测器配备在歼击机的弹头上，它可以追踪敌机发动机散发热和喷出废气时所发出的红外线而准确地击中敌机。以红外、电子等技术为依据的公共安全技术产品是目前世界上发展最快的新兴产业之一。

中国科学院上海技术物理研究所已研制出红外入侵探测器系列产品。可安装在室内、户外或屋顶、门窗、走廊等处，它们具有 24 个感应现场，相当于 24 只眼睛全方位探测，可起监视、防盗作用。但是，人类目前制造成功的测温仪器，从普通的人体温度计到复杂的红外探测仪，同已知的一些动物对温度变化的感觉相比，无论从灵敏度或感热器官的结构的轻巧上，都是显得不足的。

🔘 动物"生物钟"的启示

在印度班加罗尔城，有一只猴子和一条狗经常按时定点在一起相会。每天上午9时30分，猴子就先来到路旁的树荫下等着了，接着，一条狗也摇着尾巴跑来。于是，猴子就骑上狗背，一起上街游逛。这一对奇怪的伙伴，吸引着人们跟着围观。说来有趣，它们天天聚会，老时间、老地方，从不失约、也不迟到，好像它们都懂得看钟表似的。

这是怎么一回事呢？科学家认为，这一对伙伴的协调行为，是由于它们身上有一种"生物钟"在指导着各自的行动。"生物钟"长在哪儿？科学家经过多次实验，在蟑螂的咽下找到一种神经节。它的侧面和腹面有一群神经分泌细胞，分泌激素，指示蟑螂的活动和休息。哺乳动物的生物钟结构就更复杂了。科学家认为，在延髓和下丘脑里的神经细胞是"生物钟"的主体，而身体其他部分的组织细胞中，也有独立运转的"子钟"，它们同时在摆动和变化中。

人们在探索生物钟的秘密中，发现各种生物的习性和生活功能，都受着自然节律的支配。大西洋的沙蚕，每年常常群集在百慕大附近海面，时间都是在满月后3

你知道吗

鸟钟和虫钟

在南美洲的危地马拉有一种第纳鸟，它每过30分钟就会"叽叽喳喳"地叫上一阵子，而且误差只有15秒，因此那里的居民就用它们的叫声来推算时间，称为"鸟钟"；在非洲的密林里有一种报时虫，它每过一小时就变换一种颜色，在那里生活的家家户户就把这种小虫捉回家，看它变色以推算时间，称为"虫钟"。

天，日落后 54 分，不早也不迟。招潮蟹能根据阳光来改变颜色，又能按照月亮升落，随潮汐涨退来支配觅食或休息的时间。最近的研究还表明，"生物钟"与光线固然有重要关联，同黑夜却有着更紧密的联系。生物在长期的生活过程中，生理上不断调节，逐渐形成了昼夜和季节性的节律。猴子和狗准时约会，就是它们身上的"生物钟"相适应的结果。

在实验中，人们还发现，用人造的昼夜来改变"生物钟"的摆，会产生意想不到的效果。人工缩短黑夜时间，能使母鸡多产蛋 30% ~40% ，鹅、鸭产蛋量多 2~3 倍；使牛羊发情期延长，交配的次数和繁殖的数量增多，牛奶的产量也提高了。而人工缩短白天时间，能使鸡长肥，猪长膘，使羊和狼狐等长毛快。

科学家正在试图利用"生物钟"的作用来控制有害昆虫的生存。如调整蚊子的生物钟，使它们在缺乏食物和温度不适宜的季节里成熟，从而不能生存。用杀虫剂喷洒苍蝇，下午喷洒，死亡率最高，这正是它们一天中最活跃的时间。

▶ 蝇眼的启示

人的眼睛是球形的，苍蝇的眼睛却是半球形的。蝇眼不能像人眼那样转动，苍蝇看东西，要靠脖子和身子灵活转动，才能把眼睛朝向物体。苍蝇的眼睛没有眼窝、眼皮和眼球，眼睛外层的角膜是直接与头部的表面连在一起的。

从外面看上去，蝇眼表面（角膜）是光滑平整的，如果把它放在显微镜下，人们就会发现蝇眼是由许多个小六角形的结构拼成的。每个小六角形都是一只小眼睛，科学家把它们叫作小眼。在一只蝇眼里，有 3000 多只小眼，一双蝇眼就有 6000 多只小眼。这种由许多小眼构成的眼睛，叫作复眼。

蝇眼中的每只小眼都自成体系，都有由角膜和晶维组成的成像系统，有由对光敏感的视觉细胞构成的视网膜，还有通向脑的视神经。因此，每只小眼都单独看东西。科学家曾做过实验：把蝇眼的角膜剥离下来作照相镜头，放在显微镜下照相，一下子就可以照出几百个相同的像。

蝇眼

世界上，长有复眼的动物可多了，差不多有 1/4 的动物是用复眼看东西的。像常见的蜻蜓、蜜蜂、萤火虫、金龟子、蚊子、蛾子等昆虫，以及虾、蟹等甲壳动物都长着复眼。

科学家对蝇眼发生兴趣，是由于蝇眼有许多令人惊异的功能。如果人的头部不动，眼睛能看到的范围不会超过 180°，身体背后有东西看不到。可是，苍蝇的眼睛能看到 350°，差不多可以看一圈。

人眼只能看到可见光，而蝇眼却能看到人眼看不见的紫外光。要看快速运动的物体，人眼就更比不上蝇眼了。一般说来，人眼要用 0.05 秒才能看清楚物体的轮廓，而蝇眼只要 0.01 秒就行了。

蝇眼还是一个天然测速仪，能随时测出自己的飞行速度，因此能够在快速飞行中追踪目标。根据这种原理，目前人们研制出了一种测量飞机相对于地面的速度的电子仪器，叫做"飞机地速指示器"，已在飞机上试用。这种仪器的构造，简单说来就是：在机身上安装两个互成一定角度的光电接收器（或在机头、机尾各装一个光电接收器），依次接收地面上同一点的光信号。根据两个接收器收到信号的时间差，并测量当时的飞行高度，经过电子计算机的计算，即可在仪表上指示出飞机相对于地面的飞行速度了。眼睛所看到的是通过光传导的信息。不过眼睛并没有把它所看到的全部信息都上报给大脑，而是经过挑选把少量最重要的信息传给大脑。蝇眼这种接收及处理信息的能力，比人们制造出来的任何自动控制机都要高明。

现在研究人员还模仿苍蝇的联立型复眼光学系统的结构与功能特点，用许多块具有特定性质的小透镜，将它们有规则地紧密排列黏合起来，制成了"复眼透镜"，也叫"蝇眼透镜"。用它作镜头可以制成"复眼照相机"，一次就能照出千百张相同的像来，用这种照相机可以进行邮票印刷的制版工作。如果一块版上印 25 张邮票，一次拍照就可以制成一块版，而不必像用普通照相机那样，要一张张地拍照 25 次。如果用在邮票套色印刷中，那就更方便，可以减少近百次的拍照。复眼照相机还可用来大量复制集成电路的模板，工效与质量将大大提高。

跟踪技术顾问——蛙眼

青蛙的眼睛有个突出的特点，就是它能极其灵敏地看到运动着的食物和天敌。

人们对蛙眼进行了电子模拟，首先制造了粗糙的"昆虫检测器"模型。这个模型应用了 7 个光电管和 1 个模仿生物神经元的人造神经元。其中外围 6 个光电管的信号为人造神经元的兴奋输入，而中央光电管的信号为抑制输入，它使所有光电管均匀照亮时人造神经元的输出为零。如果运动着的物体产生的阴影遮住了外围光电管中的一个，输出信号为负；如果物体遮住中央元件，则输出信号为正。这样

拓展阅读

蛙眼视网膜的神经细胞

蛙眼视网膜的神经细胞分成五类，一类只对颜色起反应，另外四类只对运动目标的某个特征起反应，并能把分解出的特征信号输送到大脑视觉中枢——视顶盖。视顶盖上有四层神经细胞，第一层对运动目标的反差起反应；第二层能把目标的凸边抽取出来；第三层只看见目标的四周边缘；第四层则只管目标暗前缘的明暗变化。

的装置可用在保证对准中心的线路中。在这种情况下，只有当中心对准——遮住中央那个光电管时，输出才达到最大值。

蛙眼视网膜共有 5 类作用不同的感觉细胞，它们能够分别抽提影像的不同特征。这就使得蛙眼视觉敏锐，能准确地发现具有特定形状的运动目标，迅速确定目标的位置、运动方向与速度。科学工作者是根据蛙眼的视觉原理，借助于电子技术，制成了多种不同用途的信息加工系统，并且把它们形象地称作"电子蛙眼"。这些"电子蛙眼"，或者本身已经是一台专用电子仪器，或者是某种电子仪器的一个部件，它们是用电子线路去模拟蛙眼视觉原理的。

◄ 鸽子的监视技术

鸽子的视网膜有 6 种神经节细胞（检测器），远处图形的某些特征会在它的眼中产生特殊的反应。根据鸽眼视网膜的结构及其功能制成的电子鸽眼模型，是模仿它视网膜中的视锥细胞、双级细胞和神经节细胞等制成的。

知识小链接

神经节

神经节是功能相同的神经元细胞体在中枢以外的周围部位集合而成的结节状构造。神经节表面包有一层结缔组织膜，其中含血管、神经和脂肪细胞。按生理和形态的不同，神经节可分为脑脊神经节（感觉性神经节）和植物性神经节两类。在神经节内，节前神经元的轴突与节后神经元组成突触。神经节通过神经纤维与脑、脊髓相联系。

鸽眼的电子模型有助于图像辨认方面的研究。利用鸽眼发现定向运动的性质，可以装备一种警戒雷达，布置在国境线上或机场边缘，它只"监视"飞进来的飞机或导弹，而对飞出去的却"视而不见"。此外，电子鸽眼还可应用于电子计算机系统，使计算机自动消除掉对解题无关的所有数据。

来源于大海的检测蜂鸣器

　　海豚对自身带电的鱼，采用 2 种方法猎取它们作为食物。其一，使鱼麻木，这样可以很容易地捕捉到它。其二，海豚会发出弱脉冲，而使电场紊乱，这样就可以轻易地捕捉到鱼。海豚的第二种行为展示了一种崭新的雷达方式。运用这种方式制造机场监视器，当旅客通过机场的大门时，如果有谁携带铁、镍等制品，那么安检人员使用的蜂鸣器，就会立即发出响声，向安检人员报告。这种监视器的原理是利用电磁波检测出电场的紊乱。还可以在机场安装一种磁门，这种磁门可以检测每一个旅客的兜里装着什么东西。

　　超声波的图像技术，最近得到了迅速的发展。但是，同时改变振动超声波频率的这种调频技术，目前还不发达，研究得还不够。即使是把固定振动频率发射出去，由接收方面处理较简单的技术以及从电场紊乱中制作图像的技术也尚未进行研究。

广角鱼眼

鱼眼镜头的视觉效果

　　鱼类眼睛的视角相当大，一般达 160°～170°，甚至更大些。根据鱼眼成像的原理，研制出一种视角达 180° 的超广角镜，又叫"鱼眼镜头"。

　　近年来又研制出视角达 270° 的鱼眼镜头，它能够使整个空间的影像投射到小小的一块底片上。随着科学的发展，动物眼睛的奥秘正在被一个个揭开，可以预言，其研究成果在生产、科学技术和国防等方面的应用，也将越来越广泛。

海蜇与风暴预测仪

海蜇是一种古老的海生腔肠动物。它有一种高超的本领，这就是它那非常灵敏的"听觉"。原来在海蜇的 8 个触手上，生有许多小球，小球腔内生有砂粒般的"听石"。这小小的"听石"刺激球壁的神经感受器，就构成了海蜇的听觉。海蜇能听到人耳听不到的次声波。就是靠着这种本领，海蜇居然可以提前十几个小时预知海上风暴的到来！海蜇这种神奇的听觉在科学上很有

拓展阅读

海蜇的毒性

海蜇的毒素在刺丝囊内贮存和分布，1 克刺丝囊含有 5500 万个单刺丝囊，一般在捕捞后，经加工处理其毒性可迅速消失。海蜇毒素对哺乳动物、甲壳动物均有损害作用。在被海蜇蜇伤后，轻者仅有一般过敏反应，重者可致死亡，所以有效的预防和积极的抢救治疗是必要的。

价值。

科学家们对海蜇的听觉进行了深入的研究。现在已经有人设计了模拟海蜇听觉器官的仪器，用来预测风暴，可以提前 15 个小时对风暴作出预测。

海　蜇

狗与"电子警犬"

狗的嗅觉比人灵敏 100 倍，根据气味，狗几乎可以找到任何要找的东西。经过训练的警犬更加给人以启示。模拟警犬的嗅觉，人们制成了一种电子仪器"电子警犬"，已经在化工厂用作检测过氯乙烯毒气，测定浓度达到千万分之一。

该仪器的工作原理，是基于不同物质对紫外线的选择性吸收：当气味物质从紫外灯与检测器之间通过时，一部分紫外线被吸收，这样便可确定物质的性质和浓度。这种"电子警犬"可以检测染料、漆、树脂、酸、氨、苯、瓦斯以及新鲜的苹果和香蕉的气味，其灵敏度已经达到狗的嗅觉水平。另一种在某些方面比狗的嗅觉灵敏 1000 倍的"电子警犬"，也已用于侦缉工作。

视觉程序与人造眼

眼、耳、鼻、舌、身，是人和动物的视觉、听觉、嗅觉、味觉和触觉器官。这些感觉器官结构的精美、功能的奇妙，给了工程技术人员许多有益的启示。眼睛是最重要的、最完善的感觉器官。人眼可以确定景物的距离、形状、大小和颜色，还可以通过对比观察到的周围景物，得知自身运动情况和位置状态。

生理学和心理学工作者大致查明了眼睛和视觉中枢是怎样感受和估量这些参量的。而数学工作者和工程技术人员则把这些研究成果"翻译"成数学语言，并进而创造了"人造眼"，安装在自动车上的人造眼，能判明障碍，并改变小车的行进方向以避免碰撞。

这一装置的进一步完善，可安装在飞往月球和其他行星的无人驾驶宇宙飞船上。当这艘飞船抵达目的地时，这种人造眼可以自己选择最适宜的着陆地点。如果把它安装在自动行驶的探险车上，可在人类从未到过的地方长途巡行。

▶️ 睡眠机

仿生学工作者研究了生物电流之后，从中得到许多启发，在实际应用中已经得到了神奇的效果。大家都知道，人的一生有 1/3 的时间是在睡眠中度过的，睡眠的好坏影响到第二天的工作、学习和情绪。患有神经官能症或其他神经性疾病的人，常常因无法迅速入睡而苦恼。有些人甚至服用安眠药也未见显著效果，反而引起一系列副作用。

有些婴儿也常常因为睡眠不好，在夜间惊醒，久哭不睡，妨碍健康，同时也影响大人的休息。有经验的母亲，在哄婴孩入睡时，常常发出低沉的哼哼声，像一支催眠曲，很快使婴孩入睡。这是什么道理呢？原来温柔、亲切的催眠曲或者其他许多单调重复的声音，传到人耳朵后，在听神经处产生了一种生物电，通过听神经很弱的生物电流传到大脑而引起人睡眠的渴望。科学家把这种有促进睡眠的电波描记下来，并仿照它制成一种"电睡眠机"。只要将电睡眠机的电极连接在患者的脑袋上，便可以使患者在较长时间内酣睡不醒。

▶️ 电控假手

此外，生物电还可以进行遥控。生物的一举一动，都是生物电在起作用。例如人脑给肌肉发出电信号，肌肉才能动起来。实验证明，信号到达手臂肌肉表面后，要迟滞 50～80 毫秒，手才开始运动。当飞机驾驶员在高速歼击机上发射导弹时，要求迅速抓住战机，反应越快越好。但是人体肌肉有迟滞性，反应常常不及时，于是人们就研制由生物电控制的假手、假脚以及假人来发射导弹。

知识小链接

歼击机

歼击机又称战斗机，第二次世界大战前曾被称为驱逐机，是指用于在空中消灭敌机和其他空袭兵器的军用飞机。其特点是速度快、火力强、机动性好。

航天飞机在超重时，宇航员行动困难，无法紧急操纵，因此人们设计一种肌电极给以电信号，然后放大处理再发给伺服控制器去调节开关，既快又稳。这样，通过生物电遥控，将来人们只要用脑子就可以操纵飞机、宇宙飞船、潜水艇以及做其他各种工作。

夜视仪与动物的夜视

虽然动物的运动器官使它可以逃避敌害或搜寻食物，但是毫无疑问，大多数动物的生存还是靠听觉、视觉和嗅觉等感觉器官，尤其是夜间动物，它们必须极大限度地使用这些器官。

在最暗淡的光线下，眼睛用来辨别动作、反差、形状、距离和位置；当光线较亮时，眼睛还可辨别阴影、颜色和亮度。如果视觉有障碍，其他的感觉器官就开动起来。听觉和嗅觉能判断危险，有时甚至可以判断距离，但是这些感觉器官常受到风、声音和其他因素的干扰。因此，对动物来说，夜视是关系到存亡的一个极为重要的条件。

◎ 灵敏的眼睛

在显微镜下，我们可以看到眼的视网膜上有两类感光细胞，这就是视杆细胞和视锥细胞。多数动物的视网膜上有大量的视杆细胞，它对光极为敏感，即使在弱光（甚至接近于黑暗）的情况下仍有感光作用。夜出活动的动物，视杆细胞的这种高度灵敏性是由其他的特殊装置放大和协助所致。例如，晶状体能过滤紫外线和短波辐射，因此，可以保护灵敏的感光细胞。但是，红外线能通过晶状体和玻璃体而进入眼中，强烈的阳光就足以破坏一部分视网膜，所以人或多数动物都不愿直接注视极为耀眼的光源。

此外，还有一些装置用来调节到达感光细胞上光的数量，最熟知的就是瞳孔。在亮光中瞳孔缩小，在暗光中它就放大。一般说来，动物瞳孔虽不如人的瞳孔大，然而其调节范围有时却超过人的瞳孔。这样就可控制光线的数量。但是，外界环境中最暗与最亮的光强度差别很大。因此，

你知道吗

脊椎动物的感光细胞如何感光

感光细胞从视野范围内吸收光子，然后经一系列特殊复杂的生物化学通路，将这些信息以膜电位改变的形式进行信号传导。最后，视觉系统对这些信号信息进行处理，以呈现一个完整的视觉世界。

不管是人的眼还是动物的眼，必须具有进一步控制和调节光强度的神经系统和化学机制。当光线照射视杆细胞时，其中一部分就被极端灵敏的化学物质——视紫红质所吸收，然后视紫红质再分解为 2 种其他的化学物质：视黄醛和蛋白质。这个分解活动引起电脉冲传到脑，在接受一个影像的一只眼中，从全部视杆细胞来的所有脉冲的总和就在脑中形成暗光图像。

任何一个被分解的化学物质必须立即再合成，否则，它的机能就停止了。当维生素 A 存在时，即与蛋白质结合而重新合成视紫红质，而维生素 A 是由视网膜后面靠近视杆细胞和视锥细胞的血管不断递送来的。视紫红质的分解和合成是连续不断的，并且总是保持着平衡，除非眼睛受到强烈的光线照射，平衡才被破坏。

强光会极度减低视网膜的效力，以致要恢复其功能，就必须长时间补偿维生素 A，否则就造成暂时性盲，如果情况非常严重的话，暂时性盲能延续

几个小时。曾有这样的证据：有些夜间动物由于视网膜暴露在光照下时间过长而受到永久性的损伤。

当我们在一个明亮的房间里把灯关掉，或从光线充足的环境突然进入到黑暗中时，我们的眼睛就需要一个短时间的暗光适应。因为经过强光照射后，视紫红质被大量分解，此时视杆细胞必须接受大量的维生素 A，经过一定时间的暗光视觉，才能合成这类化学物质以供视锥细胞在亮光中使用。人的年纪越轻，暗适

拓展阅读

维生素 A 的作用

维生素 A 有三大功效：促进生长发育，提高机体对蛋白质的利用率，促进体内组织蛋白的合成；维持正常视觉，防止夜盲症；维护上皮细胞组织，抵御传染病。

应越快，除非维生素 A 在血液中被过多的酒精、尼古丁等破坏及中和。有些动物也需要这种短时间的适应期。当一只猫在夜间刚放出门时，它并不灵活，直到它对暗淡的光线产生适应，并能辨别轮廓和动作时为止。一只狗摇头摆尾地进入黑暗中，是通过鼻子和耳朵来分辨它需要的所有信息，并逐步适应于黑暗的环境。

看来夜视必须有 2 个基本要素：白天保护灵敏的视杆细胞和维生素 A 的及时供应。肝脏是维生素 A 的贮存库，有趣的是，有些夜间肉食动物在吃猎物时，总爱先吃它们的肝脏。

不同种类的动物视网膜感受器的大小都有差别，一般视锥细胞总是比视杆细胞大。了解这一点是很重要的。通过放大镜看一幅报纸插图时，可以看到它是由无数小点组成的。如果这些小点非常小，这张图画就能表现出大量的细节，如果这些点很粗糙，那么这幅画的细节就表现不出来。对眼睛来说也是一样。

如果感受器很小，在 1 平方毫米的面积内聚集着几万个，那么感受器在脑中形成影像的轮廓和细节都很分明；如果感受器很粗糙，特别是视杆细胞，

则将产生一个非常模糊的影像。但是，这些粗糙的感受器有一个优点。感受器越大，它所包含的视紫红质越多，即使在暗淡的光线下也能比较灵敏地看见物体。

◎ 奇妙的反射镜

反光组织是在暗淡的光线下增强眼睛效力的一个装置，它是位于视网膜后面的一层像镜子一样的膜。因为视网膜是透明的，所以到达视网膜上的光只有很小一部分被它吸收和利用，其余的就直线通过。反光组织则把这些没有利用的光反射回来，使视网膜上的感受器得到双重的光线。而未被感受器重新吸收的反射光仍沿着入射线的相反方向射出眼外，这就是当一只动物在汽车灯光的照射下，坐车人所以能看到它眼睛闪闪发光的原因。没有反光组织的任何动物，感受器吸收后的余光就在视网膜后面的组织中消失。

反光组织看起来是一个简单的装置，但是，在许多情况下，大自然已经把它变为一个高度成熟的机械和化学仪器。在哺乳动物眼中，它是由具有高度反射性能的细胞或纤维层组成，构造非常简单。然而在鱼类和鳄鱼眼中，它的效力却非常大，因为它们的反光组织中含有鸟嘌呤结晶——就像在鱼鳞中看到的一种发光的银色化学物质。在某些硬骨鱼和鲨鱼的反光组织中，这些结晶以一种与黑色素交叉排列的方式进行工作，当光的强度增加时，色素就渗入银色化学物质中以阻止其反射能力，同时也起到覆盖和保护视杆细胞的作用。当光线减弱时，银色反光组织上的色素消失，视杆也就与色素分开，从而获得必需的光亮。在某些没有鸟嘌呤结晶的反光组织的动物眼中，也有保护性色素的迁移和视杆细胞的运动。

在哺乳动物中发现，各种反光组织仅仅是由在视网膜后面的细胞或纤维层组成的。在这两种类型中特别有趣的是，纤维型反光组织只在被追捕的动物——有蹄类动物的眼中发现，如牛、鹿和山羊；而细胞型反光组织则在追捕动物的眼中发现，如狮子、猫、狗、海豹和熊。一般说来，夜出活动的动物才有反光组织，某些哺乳动物在出世时没有反光组织，以后才发育而成。

许多没有反光组织的动物在夜间如果遇到汽车灯光，它们的眼睛也会发光。其原因可能仅仅是由一层薄膜反射而成，这些薄膜覆盖着视网膜后面的血管，还不知道它是否充当一部分反光组织。

◎ 多形的瞳孔

如果没有一定形式的保护，突然遇到极亮的光照，眼睛的一切优点就发挥不了什么作用。所以人们往往喜欢戴墨镜来保护自己的眼睛，防止眼睛受强光照射是非常重要的，因为强光将破坏视杆细胞中的化学物质，光线越强、时间越长，破坏就越厉害，从而恢复到原来状态所需的时间也就越长，这在野生动物中甚至可能造成致命的危险。

渗到反光组织里的许多保护性色素对防止强光是十分必要的。当光线较强时，瞳孔的收缩是防护的第一线。瞳孔是位于有色虹膜中央的一个孔，光线通过它射到视网膜。如果我们对着镜子观察，当强光照射眼睛时，就可看到瞳孔的收缩。

趣味点击 猫的瞳孔会随着光线的变化而变化

白天，猫的瞳孔通常是半张状态，看上去就像一个枣核；正午光线最强的时候，猫的瞳孔会变成一条细缝；到了晚上，瞳孔则会全部张开。

人的瞳孔收缩是有极限的，和夜间动物相比，收缩速度也很慢。做一个简便的实验，在鱼缸里养一只章鱼，并装一盏明亮的闪光灯。随着灯光的闪现和熄灭，可明显地看到章鱼的瞳孔在迅速地收缩和扩大。大多数动物的瞳孔是圆形的，在夜间它们开得很大，而在光线强烈的白天，有些动物的瞳孔几乎收缩成一个针尖那么大的小孔。但这还不算小，例如鱼类为适应其在夜间觅食，发展了比较灵敏的视网膜，但当它们在白天游到明亮的水面时，用小圆形的瞳孔来保护视网膜显然是不够的，因而它们需要由一束环形肌所组成的结构把瞳孔收缩到最小限度，以致像紧闭的门缝一样。大多数动物都具有这种类型的瞳孔，根据它们的需要，这条缝可能是垂直的，也可能是水平的或斜的。

在强光和弱光两种情况下都能活动的动物身上，我们均可看到细长缝状的瞳孔。水中的鲨鱼，陆上的家猫也许是大家所熟悉的例子。但是，还有无数其他的动物——两栖类、爬行类和哺乳类都具有这种类型的瞳孔。

某些有蹄类有一层从瞳孔顶部悬挂下来的遮盖膜。它是虹膜上缘的附属物，当瞳孔闭合时，它碰到瞳孔的下沿，有前后留下一个孔的未遮盖区，这类动物就从这个区察看其周围发生的一切，以保持高度警惕。这个膜处于半舒张的松弛状态，当它收缩时，可以看到其瞳孔与猫和鲨鱼的特别相似。

◎ 大眼睛与小头

在夜间，动物充分利用大眼睛的特点，就足以补偿感受器的数量，产生一个较大而清晰的影像。但是，较大的影像往往会把光线散播的范围扩大，而使其亮度减弱。这在白天影响还不大，到了夜间就成问题了，此时动物就以瞳孔的放大来弥补，让更多有效的光射入眼睛。

由于小头限制了眼睛的大小，所以许多动物找到了另一种产生大影像的方法，就是使眼睛发展到头所能容纳的那么大，以致头的背部表面也成为眼睛的一部分，显然这种眼睛的活动范围就相应地缩小，有的甚至完全不能动。但这种动物如果有一个灵活的脖子，或本身并不需要大范围的视野，那么由于眼睛不能移动所引起的损失还是不大的。大的眼睛也意味着动物的颅骨内就只有很小的空隙来容纳脑子，所以脑子的大小就受到严格的限制。

虽然眼的形状各不相同，但它们视觉的效力却有些相似，原因可能是由于眼球背面的弧度是相同的。猫头鹰眼睛的前后直径大，从晶状体和角膜到视网膜的距离比较长，所以产生一个大的影像。鱼的视觉系统情况不同，因为它们的眼睛与水相接触，水的折射率比空气大，就减弱了角膜的视觉能力。但眼睛里面的晶状体有较大的折射率，它能补偿这个损失；又因为所有的视觉影像在水中比在空气中大，所以鱼类还能获得较大的影像。

◎ 在脑子里发生了什么

一个视觉影像到达动物脑中所发生的过程包括很多的因素，在这里就不一一描述了。我们假设夜出觅食的蛇在岩石上看到一只小壁虎，因此，在蛇的每只眼睛里就形成了这只壁虎的影像。这两个影像倒过来沿着神经传递到对侧脑半球，在它传递到大脑皮层的一个部位以前，每个影像到达一个中枢，在这里发生复杂的综合，然后到达大脑皮层的枕叶。

在脑中，两个影像再倒过来适当地联合成一个影像，这是高等动物最简单的模型。两个影像在皮层中联合至少要达到 2 个目的：①它产生了一个立体效应，使所看见的东西具有深度、厚度和丰满的感觉；②增加了影像的鲜明性。我们只睁开一只眼睛时，物体就远不及两只眼都看物体时那么明亮。因为两只眼看物体时，在皮层中就得到双重影像的刺激。人和最高等动物的脑的模型当然比刚才描述的复杂得多；动物的感觉器官本身不仅要适应于新的生活方式，而且它的脑必须沿着新的途径发展，才能更好地适应复杂的环境。

建筑仿生

　　生物界中的建筑高手以及高明的建筑形式给人类带来了灵感。通过对这些科学合理的建筑理念和建筑形式的研究学习，人类丰富和完善了自身的建筑理念，研制开发出了一些新产品。例如，效仿蜜蜂建造蜂窝的精湛技艺，人类设计出种种质量轻、强度高的蜂窝状泡沫结构材料，并将其成功应用于建筑中。

兽类与人工发汗材料

兽类在散热方面有一系列的适应机制。有的动物是依靠减少体毛、增大皮肤表面积来实现的。如大象无毛，体表皮肤多皱纹，耳朵特别大，从而大大增加散热面。更多的动物是靠出汗来散热的。马皮肤中的汗腺特别丰富，奔跑中通过出汗可散发大量的热量。狗虽无汗腺，但它会伸出湿润的舌头靠喘气来散热；河马是通过耳朵内流汗来散热；牛则通过口、鼻和脚趾间流汗来散热。多数兽类的皮肤都有一些汗腺。兽类出汗可散发大量热量的机理已启发科学家设计出了一种"人工发汗材料"，它能作为高效的耐高温材料。

拓展思考

狗的汗腺

汗腺是哺乳动物特有的一种皮肤结构，狗的汗腺主要是大汗腺。它又叫顶浆腺，会分泌一种略微黏稠的液体。这些液体往往是无味的，但经过细菌的加工，就会散发出特别的气味。

现已研制出一种含有金属的陶瓷材料，当温度升到一定范围时，金属就会熔化，进一步汽化蒸发，就如出汗一样带走大量热量，从而保护材料在高温下不致被烧毁，保持外形、尺寸不变。这种材料在航天等领域内有特殊用途，现已投入了使用。

蛋壳耐压的启示

生物在长期的进化过程中，为了适应生存原则，其形体的结构愈来愈科学，这就给我们很多启示。

　　鸡蛋的蛋壳，我们几乎天天都能见到，似乎没有什么大的用处。然而，以建筑师为职业的人，可把它视为至宝，因为它给建筑师以很大启示，为现代化建筑作出过不小的贡献。让我们先做一个小小的实验：取两只蛋壳，一只凸面向上，一只凹面向上，用两支削得不太尖的铅笔，从10厘米高处向蛋壳落去。可以看到，铅笔与凸面向上的蛋壳撞击了一下，蛋壳并未被击碎，而凹面向上的蛋壳却被击破了。这说明凸面向上的蛋壳可以承受的力比四面向上的可以承受的力大得多。我们的祖先很早就发现了蛋壳的奥秘，并据此设计了凸面向上的石拱桥。

　　可别小看一座石拱桥，那里面还有相当大的学问呢！你看，一座石拱桥，当它受到向下的压力时，也同时受到两侧相邻石块的侧压力作用。若石桥凹面向上，那么，当它受到向下的压力时，邻近的石块则产生拉力，由于石块的抗拉强度很低，所以凹面向上的石桥只能承受很小的力。这与蛋壳凸面向上不易击破，凹面向上不堪一击是同一个道理。

北京火车站大厅屋顶

　　近几年来，建筑师又在蛋壳的启示下，设计了现代化的大型薄壳结构的建筑物。这种建筑物既坚固，又节省材料。我国北京火车站大厅房顶就是采用这种薄壳结构。屋顶那么薄，跨度那么大，整个大厅显得格外宽敞明亮、舒适美观。

　　最近，又有人按鸡蛋的构造原理和形状，建造了"气泡屋"作为学校校舍。另外，在建筑物中，也有像贝壳似的餐厅、杂技场和市场，这些结构既轻便、坚固，又节省材料。

奇妙的植物的建筑结构

树　根

植物在经常的风力作用下，会发生形态变化。人们观察到山上的云杉，由于长年累月被狂风袭击，底部直径显著增大，树干成了圆锥形。人们设计了类似圆锥形的电视塔，把它建造在风速 80 米/秒的山顶上。在风力的经常作用下，树根系统也会发生明显变化，使树对狂风有很大的适应性。依照这种树根，有人设计了特别高的高层楼房，它就支撑在按树根原理制成的地基上。

在既不太热、又不干燥的地区，车前子的叶子一般呈螺旋状排列，这样，每片叶子都能得到适当的太阳光。人们借鉴了车前子调节日光辐射的原理并设计了一种住宅，它是呈螺旋状排列的 13 层楼房，每个房间都能得到充足的阳光。

基本
小知识

车前子

车前子又名车前实、猪耳朵穗子、凤眼前仁，为车前科植物车前的干燥成熟种子。喜温暖湿润气候，耐寒，在山区平地均可生长。性味甘寒，入肾、膀胱、肝、肺经，功能利水通淋、渗湿止泻、清肝明目、清热化痰，为常用药材。

🔘 蜂窝状泡沫建材的诞生

蜜蜂"建筑师"的精湛技艺，已为许多现代技术专家所仿效。建筑工程师模仿它则设计出种种质量轻、强度高的蜂窝状泡沫结构。质量轻、强度高，是建筑材料和结构的发展方向。未来的材料将是蜂窝状的多孔泡沫。现代城市的建筑材料多是钢筋和水泥。

但是，由钢筋和水泥等制成的钢筋混凝土结构太重，每立方米重达 2.4 吨。为了减轻钢筋混凝土的自重，建筑工作者便把注意力转向蜂房和浮石，创造发明了蜂窝状的泡沫混凝土、泡沫塑料、泡沫橡胶、泡沫玻璃和泡沫合金等。

实践证明，这种材料中由气泡组成的蜂窝，既隔热又保温。最近，英国的建筑师试制成功一种蜂窝墙壁，中间填满由树脂和硬化剂合成的尿素甲醛泡沫。用这种墙壁建造住宅，结构轻巧，冬暖夏凉。

🔘 都灵展览馆的灵感来源

著名的水生植物王莲，其叶浮在水面，直径可达 2 米。奇妙的是，薄薄的叶面，一个五六岁的孩子坐在上面也安然无恙。100 多年前法国的约瑟夫·莫尼哀对它进行了研究，于是，这位园艺家兼建筑师便模仿王莲的叶脉结构，用钢和玻璃建造了一座像水晶宫一样的大花房，为推广轻型、大跨度的薄网状结构奠定了基础。后来，意大利的建筑师们在设计跨距为 95 米的都灵展览馆大厅屋顶时，也采用了这种网状叶脉结构，在拱形的纵肋之间连以波浪形的横隔，从而保证了大厅屋顶的刚度和稳定性。由于屋顶的应力集中在波浪形的横隔上，就可在肋间安装许多天窗，使得这座大厅不仅结构轻巧、宏大雄伟，而且光线充足、美丽如画。都灵的建筑师们还设计了一块 100 米长的薄板，其厚度仅 4 厘米，但它的刚度却跟叶脉一样奇妙，竟能经得住一个人在上面走来走去。

知识小链接

应　力

当材料在外力作用下不能产生位移时，它的几何形状和尺寸将发生变化，这种形变就称为应变。材料发生形变时内部产生了大小相等但方向相反的反作用力抵抗外力，把分布内力在一点的集度就称为应力。

➤ 悬索结构的由来

有些科学家用毕生精力研究蜘蛛和蜘蛛网，他们为什么要花费那么大的精力去研究这些其貌不扬的小动物呢？这是因为在蜘蛛网上隐藏着许许多多的秘密。揭开这些秘密，将会给人类带来不可估量的好处。例如，人们从蜘蛛喷孔的原理得到启示，从而发明了人造丝。

蜘蛛不仅是一位纺织专家，而且也同蜜蜂一样，是一位出色的建筑师。它能根据地形精确地计算要织多大的网，然后用最省料而又能达到最大面积的"原则"来使用它的丝。蜘蛛网是自然界独一无二的悬索结构。别看网丝是那么细微，却能承受近 3 克的拉力。可以说，模拟蜘蛛网建成的大跨度屋顶和桥梁，同样是建筑仿生学的一大成就。

悬索桥

19 世纪末期，人们在总结悬索

桥架设和锚固经验的基础上，设计成功了可用来作屋顶的悬索结构。远的不说，大家所熟悉的北京工人体育馆大厅的屋顶，采用的就是悬索结构。该屋顶的直径为 110 米，由金属的中心环、钢筋混凝土外环和上下两层钢索组成。除了跨度大和能充分发挥材料潜力的优点外，悬索结构还有成型容易和造型美观的特点。

◤ 出气孔和充气结构

学过植物生理学的人都知道，在植物的表皮上到处都是气孔，其功能用来调节体内的温度。富于想象力的建筑师们，应用植物的这种气液静力压系统的工作原理，设计出一系列的带有自动调节系统和充分结构的建筑物。如双层或单层充气结构的住宅、厂房、仓库、体育馆、展览厅、学校和水下建筑等。所谓充气结构，就是在玻璃丝增强塑料薄膜或尼龙布内部充气，以形成一定形状的建筑空间。它们主要特点是便于运输拆迁，省工节料，建筑迅速。

统观现有的各种充气结构，以英国建筑师格林设计的蚕茧式充气住宅为最佳。这种住宅是安装在活动支架上的充气塑料壳体，内部的充气隔墙可根据需要随意改变位置或缩回到地面，多功能的充气地面可根据房间主人的意愿凸出，形成各种充气家具（如充气的床、沙发、圆桌、写字台等）。最受用户欢迎的是，室内气温自动调节，造成冬暖夏凉的小气候。

可以预见，在不久的将来，即可在南、北极建造跨度上千米的聚氟乙烯薄膜的充气住宅。尽管室外冰天雪地，室内却温暖如春。如果在这种充气建筑内种农作物，不受气候条件的限制，可做到一年四季，瓜果丰收。

兽类骨骼的启示

兽类在长期进化中，形成了适合生存环境的种种形态，而保持这种形态的骨骼系统在强度、硬度和稳定性等方面是很完美的。中国古建筑中的人字形屋顶与兽类的脊柱有点相像；房屋的大梁好像牛、马的背椎骨。

现代建筑普遍采用的"钢筋混凝土"结构，其中钢筋在建筑物中的作用，跟骨骼在动物身体中的作用一样。埃菲尔铁塔是一座耸立在巴黎市中心的高达300多米的金属塔，它是法国著名工程师埃菲尔在1889年为巴黎博览会设计的，这座宏伟的铁塔是当时世界上最高的建筑，也是巴黎的象征。

趣味点击 懒得出奇的树懒

树懒是一种懒得出奇的哺乳动物，什么事都懒得做，甚至懒得去吃，懒得去玩耍，能耐饥一个月以上，非得活动不可时，动作也是极其迟缓。就连被人追赶、捕捉时，也好像若无其事似的，慢吞吞地爬行。

但其结构是埃菲尔不自觉地模拟灵长类小腿骨（胫骨）的结构，两者的表面角度完全相符。

古往今来，人类建造了无数桥梁，但细细分析，四足着地的兽类，前后肢好像一座桥的桥墩，脊椎骨又恰似桥身。有些生活习性特殊的动物，如跳鼠，后肢特别长，它靠后肢跳跃和站立，整个身体的结构就跟单桥墩的悬臂桥一样。

🔘 混凝土的发明

　　自然界中的植物，在风霜雨雪的长期作用下，其内部构造和外观形状都要发生相应的变化。这种种变化，都会给人们以有益的启示。还是在上一个世纪末，法国的一位园艺家就发现，许多植物都是依靠其根部与土壤的密切结合，而矗立于暴风雨之中，从而想到按照植物的这种固本方式来造花坛。他用水泥（好比泥土）把铁丝（好比植物的根）包裹起来，结果造出了能抗击风雨侵蚀的花坛，从而发明了当前建筑中钢筋混凝土。

　　钢筋混凝土的发明，使建筑业发生了突飞猛进的变化，可以这么说，如果不是混凝土的发明，现代的一些高耸入云的建筑物只能是幻想。当然，这中间还包括从生物的结构中所受的启发，如前面提到的埃菲尔铁塔和类似的圆锥体结构。因而我们完全可以这么说：是仿生学给现代建筑以丰富的灵感。

🔘 拱形结构的灵感

　　建筑仿生学不仅研究现代生物，而且也研究古代生物。其原因就在于它们构造简单，更易于模拟。

　　大家知道，当银杉、云杉等裸子植物繁盛的时候，正是爬行动物在地球上称王称霸的黄金时代，其中最有名的就是动物王国的巨人——恐龙。在恐龙家族中，硕大无比者应算是在北美洲发现的梁龙。梁龙身长 26 米，重约 50 吨，巨大的体重完全靠四条立柱似的粗腿传给地面。从对梁龙躯体结构的力学分析中可以看出，梁龙之所以能支持住它的巨大的体重，身体没有在中间被压弯下垂，是因为它的身体上部有一种拱形结构。

　　拱形结构是一种由弓形构件组成的结构，两端处叫作拱脚。

拱 桥

我国劳动人民在古代建造的河北省赵州桥，就是用的拱形结构。拱形结构的受力情况是：当拱形结构上有负荷时，内力主要是压力，并沿着拱轴方向向拱脚传递。由于拱形结构沿轴向只受压力，不受弯折或弯折很少，在砖石、钢、木和钢筋混凝土结构中采用得非常广泛，而且形式多样、各有千秋。特别是依照梁龙受力图，按拱脚直接落到地面的结构处理方法，不仅可省去墙所占的高度，并可把拱脚水平推力直接传给地基。

世界上的生物同建筑物一样，时时都受到各种自然力的作用。它们经历了亿万年的进化和选择，形成了适合生存环境的种种结构和功能。鸟类的窝巢、蛋壳、乌龟的甲胄、蜜蜂的蜂房、海生动物的外壳、种子和果核以至于人类的头颅脑壳，都是用最少的材料构成坚固的结构，而且它们的功能都能适合于各自所处的大自然环境。

只要我们善于观察和研究，就会从中获得不少有益的启示。可以预料，在不久的将来，建筑仿生学将帮助人类征服地下、天空和海洋，建造出蔚为壮观的地下宫殿、海底乐园和太空城市，为人类在那里定居创造更为舒适的居住条件。

▶ 蜂窝与太空飞行器

航天飞机、宇宙飞船、人造卫星等太空飞行器，要进入太空持续飞行，就必须摆脱地心引力，这就要求运载它们的火箭必须提供足够大的能量。

要把地球上的太空飞行器送到地球大气层外，至少要使该飞行器获得7.9

太空飞行器

千米/秒的速度，此即第一宇宙速度；而要使飞行脱离地球，飞往行星或其他星球，则需达 11.2 千米/秒的速度，此谓第二宇宙速度。

为了使太空飞行器达到上述速度，运载火箭就必须提供相当大的推力。因为运载火箭上带有推进剂、发动机等沉重的"包袱"。按目前的航天技术水平，平均发射 1 千克重的人造卫星就需要 50～100 千克的运载器，反之，太空飞行器自身重量越轻，也就可大大减轻运载火箭身上的"包袱"，也就能使太空飞行器飞得更高、更远。

为减轻太空飞行器的重量，科学家们绞尽脑汁，与太空飞行器"斤斤计较"。可要减轻飞行器重量，还要考虑不能减轻其容量与强度。科学家们尝试了许多办法都无济于事，最后，还是蜂窝的结构帮助科学家解决了这个难题。

大家都知道，蜜蜂的窝都是由一些一个挨一个，排列得整整齐齐的六角小蜂房组成的。18 世纪初，法国学者马拉尔奇测量到蜂窝的几个角都有一定的规律：钝角等于 109°28′，锐角等于 70°32′。后来经过法国物理学家列奥缪拉、瑞士数学家克尼格、苏格兰数学家马克洛林先后多次的精确计算，得出如下结论：消耗最少的材料，制成最大的菱形容器，它的角度应该是 109°28′和 70°32′，和蜂窝结构完全一致。

你知道吗

航天器的第一

世界上第一个航天器是前苏联 1957 年 10 月 4 日发射的"人造地球卫星 1 号"；第一个载人航天器是前苏联航天员加加林乘坐的东方号飞船；第一个把人送到月球上的航天器是美国"阿波罗 11 号"飞船；第一个兼有运载火箭、航天器和飞机特征的航天飞机是美国"哥伦比亚号"航天飞机。

但如果从正面观察蜂窝，蜂窝是由一些正六边形组成的，既然如此，那每一个角都应是120°，怎么会有109°28′和70°32′呢？这是因为，蜂窝不是六棱柱，而是底部由3个菱形拼成的"尖顶六棱柱形"。我国数学家华罗庚经精确计算指出：在蜜蜂身长、腰周确定情况下，尖顶六棱柱形蜂窝用料最省。

蜂窝的这种结构特点不正是太空飞行器结构所要求的吗？于是，在太空飞行器中采用了蜂窝结构，先用金属制造成蜂窝，然后再用两块金属板把它夹起来就成了蜂窝结构。这种结构的飞行器容量大、强度高，且大大减轻了自重，也不易传导声音和热量。因此，今天的航天飞机、宇宙飞船、人造卫星都采用了这种蜂窝结构。科学发展就是如此，有时看起来高不可攀的难题，只要开动脑筋，善于从日常生活中觅取线索，可能就会迎刃而解。小小的蜂窝，似乎与伟大的航空航天事业不相关，但仿生学却将它们紧密地联系在了一起，推动了人类社会的发展与科技的进步。

▶ 蜗牛壳与复合陶瓷材料

在潮湿的地上，或者在树枝上、蔬菜的叶子上，常会见到蜗牛的活动。它们背着自己重重的壳，慢慢地向前蠕动，有一点儿风吹草动，软软的身子马上缩回壳里。蜗牛的壳很坚固，它给科学家们以极大启示。

蜗牛等软体动物的壳实质上是一种由碳酸钙层和薄的蛋白质层交替组成的层状结构。碳酸钙硬而脆，但蛋白质层交替地夹在其中，能防止碳酸钙层的裂纹蔓

你知道吗

蜗牛是牙齿最多的动物

蜗牛是世界上牙齿最多的动物。虽然它的嘴的大小和针尖差不多，但是却有26 000颗牙齿左右。在蜗牛的小触角中间往下一点儿的地方有一个小洞，这就是它的嘴巴，里面有一条锯齿状的舌头，科学家们称之为"齿舌"。

延,从而使蜗牛壳变得又硬又有韧性。

蜗　牛

最近,英国剑桥大学的科研小组研制出了一种类似蜗牛壳的层状组织,即用 150 微米厚的碳化硅陶瓷层和 5 微米厚的石墨层交替地叠加热压成复合陶瓷材料。碳化硅是一种非常硬而脆的陶瓷,但由于夹在中间的石墨层可以分散应力,又可以阻止一层碳化硅中的裂纹蔓延到另一层碳化硅中,因而不易碎裂,这就是仿生复合陶瓷材料。仿生复合陶瓷材料可用来制造喷气发动机和燃气涡轮机的零件,如涡轮片等,它们不仅可以提高发动机的工作温度,还可以减少喷气发动机和燃气轮机对空气的污染。

能量、动力与电子仿生

　　迄今为止，人们在开发新能源，提高能源转化率等方面已取得了不少成就，但和生物界相比则又显得渺小了。生物体内进行的光能、电能、化学能等各种能量间的转换，其效率之高为人类所远远不及。如萤火虫通过自身荧光素和荧光酶的作用，发光率竟达100%。类似的情况在动力和电子等领域同样存在，如何模仿生物高效的技能已成为科学家们的重要课题。

转换能量的高手

提起能源，人们就会想到煤炭、石油等，其实，生物自身也可以产生能源，还能够把一种能转换成另一种能，而且转换效率很高。

为了说明这个问题，我们用磨面这件事做例子：磨面机是由电动机带动的，电是从发电厂送来的，发电机是蒸汽推动的，蒸汽是锅炉里产生的，而锅炉是用煤作燃料的。这个过程就是能量转换过程。在这个过程中，煤的化学能量经过了 3 次转换，每一次转换，都要损失一些能量，转换效率大约是 40% 。

人力也能磨面，不过，人的能源物质不是煤而是食物。人吃了食物，经过酶的消化作用变成葡萄糖、氨基酸等，再经过氧化作用，变成一种可以产生能量和储存能量的物质——ATP，人想推动磨盘了，ATP 就放出能量使肌肉收缩，牵引肌腱去推动磨盘。从这个过程中，你可以看到：人体把食物的化学能转换成机械能，一次就完成了，转换效率比较高，大约是 80% 。

生物转换能量的高效率，引起了科学家们的兴趣，他们模仿人体肌肉的功能，用聚丙烯酸聚合物拷贝成了"人工肌肉"。这

拓展阅读

人工肌肉

人工肌肉早期是指一种没有肌肉功能只有表面装饰作用的合成材料，后来研发的是具有一定肌肉伸缩功能的由硅橡胶和涤纶制成的产品。如一条由涤纶织物包着的硅橡胶管，涤纶织物管作为人工肌腱从硅橡胶管的两端伸长，以便附着在天然肌腱上或可能附在骨骼上，在人工肌肉的较宽的中央部分，涤纶织物折叠在一起，让人工肌肉中央突出部分自由活动，织物长度可限制人工肌肉的伸展，使臂或腿不会反曲到超过伸直位置。

种人工肌肉也能把化学能直接转换成机械能。只要配合一定的机械装置，就能提取重物。据实验，1 厘米宽的人工肌肉带能提起 100 千克重的物体，这比举重运动员的肌肉还要结实有力！

现在我们常见的白炽灯是热光源，灯丝发光一般要烧到 3000℃，90% 的电能变成热能而白白浪费了，用于发光的电能只占 10%。荧光灯要好一些，但转换效率也不超过 25%。要想提高发光效率，还得向生物学习。例如萤火虫的发光效率就比白炽灯高好几倍。在萤火虫的腹部有几千个发光细胞，其中含有两种物质：荧光素和荧光素酶。前者是发光物质，后者是催化剂。

在荧光素酶的作用下，荧光素跟氧气化合，发出短暂的荧光，变成氧化荧光素。这种氧化荧光素在萤火虫体内的 ATP 的作用下，又能重新变成荧光素，重新发光。

萤火虫在发光过程中产生的热极少，绝大部分的化学能直接变成了光能，所以它的发光效率非常高。它是一种冷光源。这种冷光源也引起了科学家们的兴趣。他们正在想办法人工合成荧光素和荧光素酶。等到实验成功并且大批生产以后，人们可以把这种冷光源用在矿井里，用在水下工地上，甚至可以把这种发光物质涂在室内的墙壁上，白天接受阳光照射，储存能量，夜晚便可大放光明。

◤ 叶绿素发电

叶绿体也是一个非常复杂的"化工厂"。毫无疑问，如果能成功地模拟叶绿体中的生物催化及其调节功能，那就会引起有机合成化学工业的深刻变化，也将为人工合成食物开辟一条崭新的道路。能量的转换是现代工业的基础，过去，当人们把燃烧煤获得的热能转变为蒸汽机的机械能时，便引起了工业革命。现在电是最方便的能量形式，因为它容易转变为其他形式的能。实验表明，叶绿素转化太阳能的效率是很高的，那么我们能不能造出"叶绿素太阳能电池"呢?

最近,有人根据对光合作用的研究,进行了尝试。他们用氧化锌作叶绿素的基底,发现这个系统的电光学性质类似进行光合作用的叶绿素。当有光照时,叶绿素吸收光能后把电子传递给氧化锌,便能产生出电流。

知识小链接

氧化锌

氧化锌俗称锌白,是锌的一种氧化物,难溶于水,可溶于酸和强碱。氧化锌是一种常用的化学添加剂,广泛地应用于塑料、硅酸盐制品、合成橡胶、润滑油、油漆涂料、药膏、黏合剂、食品、电池、阻燃剂等产品的制作中。

➡ "发电"鱼与电池

渤海湾的远洋作业船队,开到东海渔区赶鱼汛,在排除水下故障时,检修员遇到了这样一种奇怪的情况:刚刚潜到水下,无意间触到了什么东西,突然四肢麻木、浑身战栗。当地渔民告诉他们,这是栖居在海洋底部的一种软骨鱼——电鳐在作怪。

过了不久,他们用拖网捕到了一条电鳐。它有 60 厘米长,扁平的身子,头和胸部连在一起,拖着一条棒槌状的尾巴,看上去很像一把大蒲扇。因为吃过它的亏,小伙子们眼巴巴地瞅着这怪物,想不出用什么法子来对付它。随船的当地渔民却毫不在意,伸手把它从网上弄下来,丢在甲板上。原来,由于落网时连续放电,这时,这个"活的发电机"已经精疲力竭了。

其实,放电的本能并不只是电鳐才有。目前已发现有 500 多种鱼,其体内都装有"发电机",能够放出电流,一只最大的电鳐,每秒钟能放电 150次,有时放出的电压高达 220 伏。每条非洲电鲶能产生 350 伏的电压,可以击死小鱼，还能将渔民击昏。南美洲的电鳗更是电鱼中发电功率最高的一种，能发出高达 800 多伏的电。有人计算过，10 000 只电鳗同时放的电，可供电车走几分钟。

电鱼为什么能放电呢？

原来，它们身体内部有一种奇特的放电器官，可以在身体外面产生很高的电压。这种器官，有的起源于鳃肌或尾肌，有的起源于眼肌和腺体。各种鱼放电器官的位置、形状都不一样。电鳗的放电器官分布在尾部脊椎两侧的肌肉中，呈棱形，电鳐的放电器官则排列在头胸部和腹部两侧，像两个扁平的肾脏，由许多蜂窝状的细胞组成。这些细胞排列成六角柱形，叫作"电板"。

电鳐的两个放电器官中，约有 200 万块"电板"。这些"电板"浸润在细胞外胶质中，胶质可以起到绝缘作用。"电板"的一面分布有末梢神经，这一面为负电极，另一面则为正电极。电流的方向是从正极流到负极的，即由电鳐的背面流向腹面。在神经脉冲的作用下，这两个放电器官就能变神经能为电能，放出电

广角镜

发出较弱电流的鱼

并不是所有的电鱼都能发出很强的电，海洋中还有一些能发出较弱电流的鱼，它们的发电器官很小，电压最大也只有几伏，不能击死或击昏其他动物，但它们像精巧的水中雷达一样，可以用来探索环境和寻找食物。

来。单个"电板"产生的电压很微弱，但由于"电板"很多，所以产生的电压就很高了。

一次放电中，电鳐产生的电压为 60 ~ 70 伏。最大的个体放电在 200 伏左右，功率达 3000 瓦，所以它们能够击毙水中的游鱼和虾类作为自己的食物。同时，放电也正是电鱼逃避敌害、保存自己的一种方式。

世界上最早、最简单的电池——伏打电池，就是意大利物理学家伏打根据电鱼的天然器官设计的。随着现代科学技术的不断发展，在研究电鱼的过

程中，还会得到不少新的启示。

▶ 企鹅与极地越野汽车

　　人类在陆地的交通工具，除了最新式的气垫车和磁悬浮列车以外，其他各种车辆都离不开一个关键部件——轮子。在疏松的雪地和沙漠地带，因为摩擦力太小，车轮只能不停地空转，车辆很难前进。

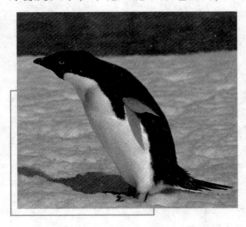

企　鹅

　　可是，在终年漫天冰雪的南极，常常可见蹒跚而行的企鹅，在紧急情况下却能在雪地上飞驰。企鹅之所以能快速滑行，是因为它有一套特殊的运动方式：它把肚皮贴在雪地上，并快速蹬双脚。人们由此得到启示，制成了一种极地越野汽车。它用宽阔的底部贴在雪地上，用转动的轮勺扒雪前进，每小时的速度可达 50 千米。这种汽车还可以在泥泞地带快速行驶。

▶ 蚂蚁与人造肌肉发动机

　　蚂蚁是动物界的小动物，可是它有很大的力气。如果你称一下蚂蚁的体重和它所搬运物体的重量，你就会感到十分惊讶！它所举起的重量，竟超过它的体重差不多有 100 倍。这个"大力士"的力量是从哪里来的呢？

　　看来，这似乎是一个有趣的"谜"。科学家进行了大量实验研究后，终于揭穿了这个"谜"。原来，它脚爪里的肌肉是一个效率非常高的"原动机"，

蚂 蚁

比航空发动机的效率还要高好几倍，因此能产生这么大的力量。我们知道，任何一台发动机都需要有一定的燃料，如汽油、柴油、煤油等。但是，供给蚂蚁"肌肉发动机"的是一种特殊的燃料。这种"燃料"并不燃烧，却同样能够把潜藏的能量释放出来转变为机械能。不燃烧也就没有热损失，效率自然就大大提高。化学家们已经知道了这种"特殊燃料"的成分，它是一种十分复杂的磷的化合物。

这就是说，在蚂蚁的脚爪里，藏有几十亿台小电动机作为动力。这个发现激起了科学家们的一个强烈愿望——制造类似的"人造肌肉发动机"。

现在我们用的起重机一般也是靠电动机工作的，但是做功的效率比起蚂蚁来可差远了。为什么呢？因为火力发电要靠烧煤，使水变成蒸汽，蒸汽推动叶轮，带动发电机发电。这中间经过了将化学能变为热能，热能变成机械能，机械能变成电能这么几个过程。在这些过程中，燃烧所产生的热能，有一部分白白地散失了，有一部分因为要克服机械转动所产生的摩擦力而消耗掉了，所以这种发动机效率很低。而蚂蚁利用肌肉里的特殊燃料直接变成电能，损耗很少，所以效率很高。

人们从蚂蚁的"肌肉发动机"中得到启发，制造出了一种将化学能直接变成电能的燃料电池。这种电池利用燃料进行氧化——还原反应来直接发电。它

你知道吗

白蚁不是蚂蚁

白蚁虽然形状像蚂蚁，但它不是蚂蚁，白蚁在生理结构上和蚂蚁有很大的差别。白蚁被称为"没牙的老虎"，主要吃木头和木质纤维，而蚂蚁既吃植物性食物，也吃动物性食物。

没有燃烧过程，所以效率很高。

◐ 长了眼睛的步枪

采用电子技术，模拟人和动物体对信息的接收、加工、利用以及对生命活动调节、控制的原理，改进现有电子设备的性能，或者创造新型电子系统，是电子仿生学的研究任务。电子仿生学最感兴趣的是人和动物的脑、神经系统与感觉器官。主要研究课题为人工智能、生物通讯、体内稳态调控、肢体运动控制、动物的定向与导航和人机关系等等。

步 枪

靶场上正在进行射击试验表演，使用的兵器是一杆去掉了枪托的小口径步枪，架在类似于高射机枪的三脚枪架上，和圆形瞄准器并排有一个圆筒形部件，这个部件上装有明亮的大口径透镜，活像一只直视前方的大眼睛。枪身上装着许多电子器件，一根粗粗的电缆把枪身与旁边的一台电子仪器连接了起来。

打靶试验开始了。远处空中出现了一个移动着的圆形靶子，奇怪的是没有人去操纵这支步枪，只有电子仪器上的红绿指示灯在闪闪发亮。待圆靶移动到正前方时，枪身突然自己移动起来了。枪口紧紧地跟踪着目标。说时迟、那时快，只听"啪"的一声，枪响靶落，弹中靶心。这部自动跟踪目标、百发百中的枪叫做"蛙眼自动枪"。

蛙眼自动枪是一支装有电子自动控制装置的枪，它能够自动跟踪、瞄准、计算提前量、自动射击。因为它装有的那个外表像汽车灯的光电跟踪和瞄准系统是模仿蛙眼视觉原理制造的，所以，试验者给它起了"蛙眼自动枪"这个别致的名字。

👁 布满"神经"的电脑

计算机在现代科学技术中发挥着举足轻重的作用。但是，离开了人，计算机就不能工作了。使计算机工作，首先要由人帮助它确定算法、编制程序，计算机只不过是机械地按照人所严格规定的程序进行工作。对于计算机结果的分析，也要由人去完成。在由计算机组成的现代控制系统里，人仍然起着主导作用，这是因为人体具有一台世界上最完美的"天然计算机"——大脑。

人脑具有独特的思维活动和记忆能力，在分析问题时能够进行联想和推理，即使遇到意外的情况也能随机应变，根据具体情况随时决定所应采取的行动。这些都远远超过现代计算机，不难看出，深入研究大脑思维与记忆的生理过程，我们就有可能用它的原理去制造性能优异，能模拟人的复杂神经活动的仿生电子计算机。

电　脑

模拟大脑的工作，首先要从模拟大脑的组成元件——神经元（神经细胞）入手。神经元可以完成复杂的工作，但其结构却十分精巧。神经元之间有着复杂的交错联系，构成了神经网络。神经网络的存在，可由许多神经元完成同一种工作，因而在损失了相当一部分神经元之后，大脑仍能正常工作。而一台计算机，当其任何一个部件，特别是一个关键元件损坏时，就会停止工作了。由此可见，尽管单个神经元的可靠性比晶体管等电子元件要差，但由神经元组成的神经网络所构成的系统却比人造技术系统可靠得多。这一点，为人们提高电子系统的可靠性，提供了有益的启示。

模仿神经元的工作原理，人们已经研制出了多种"电子神经元"。电子神经元具有较高的稳定性和可靠性，利用它们模拟大脑的功能，已制成一些特殊用途的电子仪器，如："自动识别机""阅读机""语言分析器"等。研制出的"飞行器控制系统"，其主要部件是由 250 个"电子神经元"构成的大型网络。这是一种与计算机系统不同的新型控制系统，它能对各种事先未被编入程序的意外情况作出正确反应，可用于高性能飞机和宇宙飞船，其可靠性比通常的计算机系统高 10 倍。

◆ 从生物界找灵感的现代电子科学

生物科学和电子技术的发展，大大促进了仿生电子学的发展。人们在探索中发现，除了蛙眼，许多生物（包括人）的感觉器官都是机体从外界获得信息的接收器和预加工系统，它们各有独特的功能。感觉器官功能的奇妙，结构的精美，为人们改善技术系统的信息输入与传送装置，设计具有新原理的检测、跟踪、计算系统提供了十分有益的启示。例如，模仿苍蝇嗅觉器官的机能，制成了灵敏度极高的小型电子气体分析仪，已经用于分析宇宙飞船座舱的气体成分；模拟人听觉器官制成的"电子耳"，可以用来改进一种通讯系统的性能，把 600 个电话通道压缩成为一个通道。

人们还发现，蝙蝠能够同时探测几个目标，又能分辨每个目标的性质。几万只蝙蝠同住一个岩洞，都使用超声波，却互不干扰，这些特点，引起了雷达设计师们的研究兴趣。生物雷达的工作原理，必定会为人类改进现有的声呐雷达系统的性能提供十分有益的启示。各类机器人正在走上工业生产岗位。当我们要研制那种能跑、能跳、能说、能看、有"思维"的智能机器人的时候，无论如何也离不开仿生电子学对人的思维、感觉和运动系统的研究和模拟。

　　科学技术的发展，创造了自动控制设备。但是，世界最早的自动控制系统却是存在于人和动物体内。靠了这些控制系统、人和动物的体温、血压、脉搏、血液成分都维持着一个动态平衡。深入研究体内稳态调控系统的机能原理，将可以为仿生电子学提供一条发展自动控制技术的新途径。

拓展阅读

智能机器人

　　智能机器人具备形形色色的内部信息传感器和外部信息传感器。除具有感受器外，它还有效应器，作为作用于周围环境的手段。

◆ 蛙眼与电子模型

　　蛙眼是十分敏锐的，对运动物体简直是"明察秋毫"。然而，对静止不动的东西它却"视而不见"，似乎变得"眼大无神"了。但这并不是它的缺陷，而正是蛙眼视觉机能的独到之处，是它适应其特定生活环境所形成的一套特殊本领。正是靠了这双眼睛，青蛙才能准确地捕食和逃避敌害，得以在地球上生存了 200 万年。

　　科学工作者们经过深入地研究，发现蛙眼具有 4 类感觉细胞，即 4 种"检测器"，它们分别负责辨认、抽取视网膜图像的不同特征。这样，就把一个复杂的图像分解成了几种易于辨认的特征，同时传送到大脑的视中枢——视顶盖。在视顶盖，视神经细胞按自上而下的顺序也分成 4 层：上层的"反差变化检测器"神经元，抽取图像的暗前缘和后缘；其次是"运动凸边检测器"，检测朝视野中心运动的暗凸边；再下层是抽取静止和运动图像边缘的"边缘检测器"；最下层的"变暗检测器"抽取运动图像暗前缘。每一层都产生图像的一种特征，这4层的特征叠加在一起，经过综合，青蛙便看到了原来的完整图像。

根据蛙眼的视觉原理，借助于电子技术，人们制成了多种"蛙眼电子模型"。其中，最简单的是"昆虫检测器"模型。蛙眼电子模型还可以像真蛙眼那样，准确无误地识别出特定形状的物体。这种图像识别能力是雷达系统所需要的。雷达工作时，往往受到各种干扰，使显示屏上的影像看不清楚。依据蛙眼分别抽取图像特征的工作原理而改进的雷达系统，能够在显示屏上清晰地从强背景噪声中区分出目标来，因而提高了雷达的抗干扰能力。这种雷达系统也能快速而准确地识别出具有特定形状的飞机、舰船、导弹等，特别是能够根据导弹的飞行特性，将真假导弹区分开来，从而不被作为诱饵的假导弹所迷惑。它还可以有效地把预定要搜索的目标与其他物体分开，特别是把目标与背景分开。

模仿蛙眼的工作原理，人们还制成了另一种"电子蛙眼图像识别机"，它可以成为机场飞行调度员的出色助手。这种装置可以监视飞机的起飞与降落、班机是否按时到达。若发现飞机将要发生碰撞，能及时发出警报，防止相撞。现在，国外已投入使用的一种人造卫星"自反差跟踪系统"，就是模仿蛙眼的工作原理制造出来的。

机械仿生

　　机械仿生是模仿生物的形态、结构和控制原理设计制造出功能更集中、效率更高并具有生物特征的科学手法，例如，通过对生物电流的悉心研究，人类成功研制出人造假手，这种假手已能够做诸如转动肩膀及手臂、弯曲关节等27种动作了。此外，对生物电流的研究，对农业生产也具有十分重要的意义。

从人造假手谈起

在一次自动控制技术的会议上，当一个没有手的 15 岁男孩，用假手在黑板上用粉笔写下"向会议的参加者致敬"的时候，大厅里顿时响起了雷鸣般的掌声。人们赞叹不绝，不断地向这种新颖控制技术的创造者表示热烈的祝贺。

创造者是怎样使假手能像真手一样工作的呢？这就是我们要介绍的生物电。

早在 18 世纪末，人们对生物机体内的生物电流，就已经有所认识。因为生物体内不同的生命活动，能产生不同形式的生物电，如人体心脏的跳动、肌肉的收缩、大脑的思维等等，所以人们就可以借助生物电来诊断各种疾病。

生物电的应用十分广泛。我们知道，人双手的一切动作都是由大脑发出的一种指令（即电信号）经过成千上万条神经纤维，传递给手中相应部位的肌肉引起的一种反应。如果我们把大脑指令传到肌肉中的生物电引出来，并把这个微弱的信号加以放大，那么，这种电信号就可以直接去操纵由机械、电气等部件组成的假手了。

国外有一种假手，从肩膀到肘关节，使用了 5 只油压马达，手掌及手指的动作利用 2 只电动马达。手臂在做出动作之前，利用上半身的各肌肉电流

拓展阅读

人体内的生物电流

生物电流在人体内无处不在：触动神经感觉的是电流，传播大脑指令的也是电流，心脏跳动的动力是电流，胃肠蠕动的动力也是电流，这些电流在体内遵循着一定的规律，分别承担着不同的使命，互不相干，各司其职。

来作为假手活动的指令。即在背脊及胸口安放相应的电极，用微型信号机来处理那里产生的电流信息，7 只马达就能根据想要做的动作进行运转。这种假手的动作与真手臂大致相同，由于主要部分采用了硬铝及塑料，故其重量还不到 2.63 千克。据报道，这种假手已能够做诸如转动肩膀及手臂、弯曲关节等 27 种动作了。它能为由于交通及工伤事故而失去手臂的残疾人解决生活和工作上的许多不便。国内在研究生物电控制假手方面，上海假肢厂的工人和上海生理研究所的科技人员，经过共同的努力，已经制造了一种重约 1.5 千克，握力达 1 千克，可以提 10 千克的人造假手。其工作能源是由 11 节镍镉电池提供的。

生物电经过放大之后，可以用导线或无线电波传送到非常遥远的地方去。显然，这对于扩大人类的生产实践，将会产生具有影响力的改变。到那时，人们可以命令假手到万米深的海底去取宝，或到高炉里、矿井里去操作。

生物电的研究，对于农业生产也具有很大的意义。我们常常见到的向日葵，它们的花朵能随着太阳的东升西落而运动；含羞草的叶子，经不起侵扰，一碰就会闭合叶子。这些植物界中的自然现象，都是因为生物电在起作用的缘故。

植物中的生物电，究竟是怎样产生的呢？有人曾做过如下的实验：在空气中，将一个电极放在一株植物的叶子上，另一个电极放在植物的基部，结果发现两个电极之间能产生 30 毫伏左右的电位差。当将同样的一株植物放在密封的真空中时，由于植物在真空中被迫停止生命活动，所以植物基部和叶片之间的电压也就消失了。这个实验有力地证明，生物的生命活动，是产生生物电的根源。

◆▶ 仿生机械学及研究动向

如果把传统的机械称之为一般机械的话，仿生机械应该是指添加有人类智能的一类机械。在物理和机械机能方面，一般机械要比人类的能力要强许多，但在智能方面却比人类要低劣得多。因此，若把人、机结合起来，就有可能使一般机械进化为仿生机械。从这一角度出发，可以认为仿生机械应该是既具有像生物的运动器官一样精密的条件，又具有优异的智能系统，可以进行巧妙的控制，执行复杂的动作。

仿生机械学是以力学或机械学作为基础的，综合生物学、医学及工程学的一门边缘学科，它既把工程技术应用于医学、生物学，又把医学、生物学的知识应用于工程技术。它包含着对生物现象进行力学研究，对生物的运动、动作进行工程分析，并把这些成果根据社会的要求付之实用化。

从习惯上说，可把仿生机械学的各个研究动向归纳如下：

（1）生物材料力学和机械力学。以骨或软组织（肌肉、皮肤等）作为对象，通过模型实验方法，测定其应力、变形特性，求出力的分布规律。还可根据骨骼、肌肉系统力学的研究，对骨和肌肉的相互作用等进行分析。

另外，生物的形态研究也是一大热门。因为生物的形态经过亿万年的变化，往往已形成最佳结构，如人体骨骼系统具有最少

拓展阅读

"跳跃机"

　　汽车在沙漠上行走时会异常困难，但羚羊和袋鼠却是如鱼得水。它们是依靠其强有力的后肢在沙漠上跳跃前进的，现在已研制出一种"跳跃机"，在坎坷不平的田野或沙漠地区均可通行无阻。它没有轮子，是靠四条腿有节奏的相互协调的起落来前进的。

材料、最大强度的构造形态，可以通过最优论的观点来学习模拟建造工程结构系统。

（2）生物流体力学。主要涉及生物的循环系统，关于血液动力学等的研究已有很长的历史，但仍有许许多多的问题尚未解决，特别是因为它的研究与心血管疾病关系十分密切，已成为一门备受关注的学科。

（3）生物运动学。生物的运动十分复杂，因为它与骨骼和肌肉的力学现象、感觉反馈及中枢控制牵连在一起。虽然各种生物的运动或人体各种器官的运动测定与分析都是重要的基础研究，但在仿生机械学中，目前特别重视人体上肢运动及步行姿态的测定与分析，因为人体上肢运动机能非常复杂，而下肢运动分析对动力学研究十分有用。这对康复工程的研究也有很大的帮助。

（4）生物运动能量学。生物的形态是最优的，同样，节约能量消耗量也是生物的基本原理。从运动能量消耗最优性的特点对生物体的运动形态、结构和功能等进行分析、研究，特别是对有关能量的传递与变换的研究，是很有意义的。

（5）康复工程学。包括如动力假肢、电动轮椅等。它涉及许多学科和技术，比如对于动力假肢，只有在解决了材料、能源、控制方式、信号反馈与精密机械等各种问题之后才能完成，而且这些装置还要作为一种人、机系统进行评价、试用，走向实用化的道路是非常艰难和曲折的。

（6）机器人的工程学。它是把生物学的知识应用于工程领域的典型范例，其目的一是省力；二是在宇宙、海洋、原子能生产、灾害现场等异常环境中帮助和代替人类进行作业。机器人不仅要有具有移动功能的人造手足，而且还要有感觉反馈功能及人工智能。目前研究热点为人造手、步行机械、三维物体的声音识别等。

◐ 生物形态与工程结构

前面我们提到过，经过了亿万年的进化，生物的形态是最优的。形形色色的生物结构中，有许多巧妙利用力学原理的实例，让我们从静力学的角度出发，来观察一下生物形体结构对人类工程设计产生的影响。

自然界有许多高大的树木，其挺直的树干不但支撑着本身的重量，而且还能抵抗大风及强烈的地震。这除了得益于它的粗大树干外，还靠其庞大根系的支持。一些巨大的建筑物便模仿大树的形态来进行设计，把高楼大厦建立在牢固可靠的地基上。

植物的果实担负着延续种族的任务，亿万年的进化使其果实多呈圆形。圆的外形使它们在较小的空间占用最大的体积来贮存营养，同时使它们对外界的压力如风力等有较大的抵抗力。如花生、核桃等还有着坚硬的外壳，可以保护里面相对娇嫩的果仁。同样地，动物也具有对自然力的适应性，如蛋壳、乌龟壳和贝壳等，都巧妙利用了一定的力学原理。如果你握住一个鸡蛋，即使加力挤压，也很难把它弄破。原来蛋壳的拱形结构与其表面的弹性膜一起构成了预应力结构，在工程上称为薄壳结构。

自然界中巧妙的薄壳结构具有各种不同形状的弯曲表面，不仅外形美观，还能够承受相当大的压力。在建筑工程上，人们已广泛采用这种结构，如大楼的圆形屋顶、模仿贝类制造的商场顶盖等。

动物界中，辛勤的蜜蜂被称为昆虫世界里的建筑工程师。它们用蜂蜡建造极规则的等边六角形蜂巢，无论从美观和实用角度来考虑，都是十分完美的。它不仅以最少的材料获得了最大的利用空间，而且还以单薄的结构获得了最大的强度。

在蜂巢的启发下，人们仿制出了建筑上用的蜂窝结构材料，具有重量轻、强度和刚度大、绝热和隔音性能良好的优点。同时这一结构的应用，已远远超出建筑界，它已应用于飞机的机翼、宇宙航天的火箭，甚至于我们日常的现代化生活家具中。

🔍 生物形态与运动

现代的各种交通工具，如汽车、飞机、舰船等，均需要一定的工作环境，若在崇山峻岭或沼泽中则无法工作。但自然界中有各种各样的动物，在长期残酷的生存斗争中，它们的运动器官和体形都进化得特别适合在某种恶劣环境下运动，并有着惊人的速度。

蝗虫

昆虫是动物界中跳跃的能手，许多昆虫的后腿特别发达，跳跃的本领异常高超。就目前研究所知，叩头虫和蚤类为动物界跳跃的冠亚军获得者，它们的跳跃高度一般为其体长的几十倍，而且无须助跑，就会产生极高的加速度。而集跑、跳、飞于一体的全能冠军，则非蝗虫莫属。它有着异常灵活、机动的运动能力，给农作物带来巨大灾害。但若抛开这一点，单独研究其运动形态，则会给我们以很大的启迪。如果研究出了它的运动奥秘，则对目前飞机的改进有很大的促进意义，倘若离开了跑道，喷气式巨型飞机是无法起飞的，但蝗虫则完全用不着这些。

人类在水上航行的历史十分悠久，但活动能力却非常有限，远远不如人类在空中飞行和陆地上行走所取得的成就。许多鱼类的航速可轻而易举地超过目前世界上最先进的舰艇。这也是来自于大自然无所不在的进化，是亿万年来鱼类为了适应水中生活，便于追逐食物和逃避敌害的进化结果。

首先，鱼类的航行速度得益于其理想的流线型体形。这种体形使得它们受到摩擦阻力和形状

拓展阅读

沙漠蝗虫

沙漠蝗虫分布于北非、东非和南非，它们的破坏性极大，飞到哪里，哪里就会一片荒芜。当天气较湿润时，更多的沙漠蝗虫就会孵化出它们的卵。小蝗虫互相撞击，互相摩擦，这种撞击和摩擦会促使个体释放出一种"群聚的信息素"，因此它们开始聚集在一起，然后它们开始飞行，于是蝗灾就产生了。

阻力的共同作用尽可能地减小。另外人们还发现，鱼在水中运动时，由于尾部的摆动，产生一种弯曲波，使鱼的运动速度大为提高。

另外，有些鱼的身体表面还附有一种黏液，这种黏液也能降低鱼在水中运动的摩擦阻力。

目前，有许多新型船只是按照鲸和海豚的体形轮廓及其身体各部比例而建造的，据称航速大为提高。

随着对航空知识和飞行生物有关知识地不断了解，人们在长期的飞行实践中，对飞机的机身、机翼和发动机进行了不断的改进，并取得了较高水平。

尽管如此，动物在千万年的自然淘汰和进化过程中所掌握的飞行本领，仍值得人类学习和借鉴。

现代飞机的起飞和降落都需要很长的跑道，但飞行动物均不需任何空地和跑道，能在刹那间腾空而起。

目前飞机的燃料消耗非常大，但鸟类在长途飞行中却能充分利用空气的浮力，有时滑翔，有时振翅飞行，非常省力。

因此，对飞行生物飞行本领的研究还需要仿生学家做出进一步的努力，从它们身上可以发现一些尚未被人类掌握的空气动力学规律，这对于我们研制及改进飞机，是非常有益的。

动物前爪的启示

树懒

树懒的两只弯爪能牢牢地钩住树枝，不仅睡觉时不会坠落，就是它死后也还牢牢地挂在树上，主要原因就是它能依靠自身的重力使弯爪越钩越紧。这种结构为设计起重机的挂钩提供了很好的模型，具有科学的力学原理。

食蚁兽的前爪可以轻易地刨开坚硬的地面，模仿食蚁兽的前爪制造出一种轻便的耕作机，肯定会大受农民的欢迎。穿山甲、鼹鼠都是打洞的好手，根据它们的打洞方式去设计制造新型打洞机械，人们开掘隧道、采矿、挖煤将变得轻而易举。

趣味点击　　食蚁兽的舌头

一头食蚁兽的舌头能惊人地伸到 60 厘米长，并能以一分钟 150 次的频率伸缩。舌头上遍布小刺并有大量的黏液，蚂蚁被粘住后将无法逃脱。

👁️ 人体肌肉的启示

科学家们一直对人的肌肉运动进行研究。他们发现，人的肌肉是最简单的生物机械装置。

人的肌肉占了人体重量的 40%，是一台没有齿轮、活塞和杠杆的神奇"发动机"。它具有惊人的动力，能提起比它自身重许多倍的重物，任何现代机器都要由"动力设备"（内燃机、电动机等）和"工作机械"两部分所组成。然而在人的肌肉里，这两者却是合为一体的。人造机器结构复杂，高速运转，磨损和维修是个大问题，因此是"短命"的机器。而人的肌肉则是"自我维修"的机器，因而是"长寿"的机器。科学家们最感兴趣的是肌肉在把化学能转变成机械能时只需一步：在神经信号的刺激下，肌肉直接把食物的能量转变为机械动力，牵引肌腱而使人运动。这里，肌肉是把食物的化学能直接变成了机械能，效率高达 80%。而人造机器则必须先把燃料的能量变成热能或电能，然后再转换为机械能，产生运动。显然，能量的转换每增加一个步骤，就必定要损失掉一部分，从而降低了机械的效率。涡轮机是一种高效率的热机，但它的效率只有40%。

人们模仿人的肌肉的这种优异特性，用聚丙烯酸等聚合物，制成了"人工肌肉"，把它放在不同的介质（碱、酸等）之中，便会有效地收缩或者松弛。这种可以直接把化学能转变成机械能的机器，我们把它叫作"机械—化学机"。如再配合一定的机械装置，它就能提起重物，或者实现机件的往返运动。

人们模仿肌肉的工作原理，用包在纤维编织成的套筒里的橡胶管，或用含有纵向排列的纤维（钢丝、尼龙丝等）的橡胶管，制成了"类肌肉装置"。它可以带动残疾人的假肢，也能开动其他机器。此外，目前人们还制成了一种"肌飞器"——扑翼机，并且模仿人的膝关节和肌肉系统制成了"液压运动模型"，使"机器人"像真人那样行走。

人体的大多数肌肉都是以"颉颃肌"的形式成对地排列的。就是说，一束肌肉生长在牵引肢体向上运动的位置，而另一束肌肉则生长在牵引肢体向下运动的位置。例如，在身体前侧向下拉的那些肌肉阻止身体后仰，而在身体后侧向下拉的那些肌肉则阻止身体前倾，这种成对排列的肌肉组成了保持人体直立的颉颃肌。

研究表明，生物界的这种用两个产生拉力的"单向力装置"组成的双向运动机械系统，远比工程技术上惯用的用一个推拉"双向力装置"组成的系统优越得多。只要在成对的颉颃肌上施加不同的张力，就能使人和动物体的骨架（机械杠杆）在任何位置保持稳定。颉颃肌的杠杆，能够承受从最轻到最重的各种压力。对颉颃肌的模拟，可以圆满解决各种"机器人""步行机"等的行走机构的设计。人们研制了一种"步行机"，它有强有力的手臂和两条长腿，能越野行走、搬运重物。这种"步行机"腿长3.6米，能走斜坡、转弯、横向跨步和跨越障碍，步行速度可达56千米/小时。操作人员做一定的动作，"步行机"就跟着做近似的动作。

根据肌肉和关节活动原理，科学家们最近研制出了一种用于森林和农田除草的"机器昆虫"。它有 6 条腿，每条腿都有压缩空气驱动，可以跨越 1.80 米高的障碍物。它还可以分辨出树木和杂草。随着科技的发展和科学家们的研究，必定会有更多的意想不到的奇异的机器出现，它们将使我们的世界更加丰富多彩。

🔊 龙虾与天文望远镜

龙虾不仅是我们的食物，它还给了人类一个非常有益的启示。

生物学家们在研究龙虾时发现，它的眼睛与众不同！龙虾的眼睛由许多极细的能反射光的细管组成，这些细管整齐地排列，形成一个球面。当外来光接触到这个球面时，相应的细管就会感知这些光，并会产生反射。就这样，在很远的地方，龙虾就可发现它们的敌人，从而使自己能够及早逃避，保全自己的性命。

龙　虾

基本小知识

龙　虾

龙虾又名大虾、龙头虾、虾魁、海虾等。它的头胸部较粗大，外壳坚硬，色彩斑斓，腹部短小，体长一般在 20～40 厘米之间，重 0.5 千克左右，是虾类中最大的一类。龙虾主要分布于热带海域，是名贵海产品。

根据龙虾眼睛的这种结构特点，美国的科技人员研制出了一种新型的天文望远镜，它可使观测范围大大增加。

以往使用的 X 射线天文望远镜采用的是类似人类眼球构造的结构，它的探测范围比较小，不适合大范围的天空探测，容易遗漏宇宙中突发的 X 射线变化，使人们会失掉对宇宙探测的许多宝贵信息，给天文研究工作造成难以预料的损失。

目前新研制出来的 X 射线天文望远镜是由大量内壁光滑的细管组成的。这些细管整齐地排列成一个球形表面，当 X 射线到达这一球形表面时，就会射入相应的细管中，并在细管中产生反射现象，根据反射状况就可探测出 X 射线的方向、波长、强度。这种天文望远镜可以探测到天空 20% 的范围，大大提高了 X 射线探测的效率。

📌 尺蠖与坦克

尺　蠖

有种动物叫尺蠖，行动时身体一屈一伸，人们模仿它的行走方式，制造出了一种带有行走部分的轻型坦克。这种坦克能够越过较大的障碍物，当它隐蔽在掩体里时，能升起炮塔射击，射击后再隐蔽起来。这种坦克的通行能力比以前的坦克提高了许多。

设计人员还模仿双壳贝壳的构造，设计了具有较好流线型的炮塔，并大大降低了坦克高度。这种坦克车内的武器装备排列得十分紧密，是模仿软体动物的消化器官排列的。像软体动物吃食物那样，炮弹从弹药盒进入炮塔，而后沿类似于食道的送弹槽被送到类似于胃的炮的后部，周围的类似于消化腺的药室则可收集和排出射击时产生的火药气体。在像贝壳的顶盖下面，有 2 个供坦克乘员半躺的坐椅。这一方案，是为解决现代坦克的重要设计问题的一种卓有成效的尝试。

◑ 机器人技术

一般说来，可以从 2 个角度来对机器人进行定义。从工程的角度出发，认为它属于一种自动机械，具有对环境的通用性和实用性，操作程序简便，而且可以实现独立的随意的运动。若从仿生学的角度看，则认为它是具有近似人类相当部分功能的机械，它能执行与人类似的动作，且具有类似人的某种智能，如记忆、再现、逻辑运算、学习、判断、感知等。

机器人由硬件和软件两大部分组成。为了使机器人能够从事复杂的工作，执行与人相似的一些动作，必须要使它的机构和功能都具有很大的灵活性。同时，还要有能对其运动器官进行巧妙控制的软件，两者互相配合、协调运行。

从 20 世纪 50 年代以来，机器人技术已有了很大的进步，大体上经历了以下时期：

第一代机器人，是使用存贮和程序控制的自动机器，在 20 世纪 60 年代初问世，即目前能

广角镜

古代机器人

西周时期，我国的能工巧匠偃师就研制出了能歌善舞的伶人，这是我国最早记载的机器人。春秋后期，我国著名的木匠鲁班，在机械方面也是一位发明家，他曾制造过一只木鸟，能在空中飞行"三日不下"，体现了我国劳动人民的聪明智慧。公元前 2 世纪，亚历山大时代的古希腊人发明了最原始的机器人——自动机。它是以水、空气和蒸汽压力为动力的会动的雕像，它可以自己开门，还可以借助蒸汽唱歌。

够在部门实用的重复型机器人，常称为工业机器人。它的动作包括示教、存贮、再现和操作 4 个步骤。它可以通过示教输入操作程序，在存贮装置内存贮一系列的操作内容，并利用存贮内容的再现，自动地重复进行工作的一种

通用自动搬运机械。

它存在的问题包括：

（1）传感器与反馈问题。它一般没有触觉及反馈系统，不能用触觉去发现物体放置的位置与姿态，所以不能做出灵巧的动作。

（2）视觉问题。由于它没有眼睛，不能辨别物体的种类，不能看出零件安装位置，也不能进行视觉检查。

（3）适应能力问题。由于它只按事先存贮的程序做出动作，不能随环境和作业对象的变化而自动更改作业内容，几乎不能把复杂的装配作业编成程序。

（4）运动自由度问题。一般来说，这类机器人的运动自由度小，手的柔软性差，没有移动的脚。

这种机器人的最大优点在于能把人类从危险、恶劣、单调的工作环境中解放出来，做到工业生产的自动化与省力化，目前仍然得到广泛的应用。

现代智能机器人

第二代机器人与第一代机器人的根本区别在于其智能性。它具有感觉识别又具有某些思维功能，并由这些功能控制动作，是具有与人类相似智能的自动机械。其发展主要开始于 20 世纪 70 年代，主要用在各种对人有害的环境中作业，它能在操作人员操纵下进行工作，或按照人的指令在未知环境中从事高水平的作业。

目前世界上已有几万台机器人，其品种和功能多种多样，应用范围相当广泛，可归纳为：

（1）危险环境条件替代作业。原子

能生产、宇宙开发、空间飞行、海洋开发、军事工程、救火等领域。

（2）社会福利。高级作业程序及语言控制的假肢、医疗机器人、家用机器人等。

（3）生产自动化领域。工业机器人、系统管理机器人等。

总之，机器人的研究领域相当广泛。可以从仿生学的角度对人和动物肢体的运动学和动力学进行研究，使机器人具有类似生物运动的机构。也可以从生理学的角度对生物体的视觉、触觉和听觉系统进行研究，并做出其物理模型，以便研制机器人的理想信息处理系统。还可以采用电子计算机，进行机器人智能信息处理和肢体运动控制的研究等。

◤ 鸟与戈

大家对电视或电影中的古战争场面比较熟悉吧！万马奔腾、狼烟滚滚，士兵们高举戈、矛，奋声呐喊，跟随主将出击。

戈是古代战争中一种非常重要的武器，也是最早的进攻性武器。可是，你大概不会想到，戈是我们聪明的祖先受到鸟嘴和兽角的启发制造出来的。

古代兵器戈

啄木鸟尖尖的长嘴巴是那样得锋利，可以啄穿树木；秃鹰铁钩子一样的嘴巴可以致敌人死地；犀牛的独角让兽中之王感到害怕；斗鸡在战斗中将对手啄得鲜血淋漓，鸟嘴和兽角保护了它们自身，是它们生存的必不可少的工具。

在石器时代，我们的祖先过着群居生活，靠打猎为生。刚开始的时候，他们围住野兽，用石块和木棒攻击野兽。但是，如果遇到巨大和凶猛的野兽，石块和木棒往往不能制伏它们。祖先们发现，禽兽们常用嘴、角进行攻击和防御，因而受到启发，开始将兽角绑在木棒上，制成兵器，这就是戈的雏形。后来，他们又用石头做成禽兽嘴或角的样子来制造戈。原始的戈虽然很粗糙，使用也不方便，但却体现了兵器制造较为先进的仿生工艺，是中国古代人的一大贡献。

拓展阅读

犀 牛

犀牛是哺乳类犀科的总称，主要分布于非洲和东南亚，是最大的奇蹄目动物。所有的犀牛基本上是腿短、身体粗壮，皮厚粗糙，毛被稀少而硬，头部有实心的独角或双角（有的雌性无角）。

蜘蛛仿生车

　　蜘蛛网一经触动，哪怕是极轻微的震动，蜘蛛腿上特别灵敏的振动传感器立即就感受到了，稳坐蜘蛛网中央的蜘蛛，便会飞奔过去，把昆虫逮住，美餐一顿。

　　科学家现已探明，蜘蛛的腿根本没有肌肉，甚至连肌肉纤维也没有。最令人感兴趣的是它的跳跃不是靠肌肉，而是依靠压向大腿的体液来提供动力的。蜘蛛的腿竟是一种独特的液压传动机构，在这个装置中的液体就是血液。进一步研究证明，它们依靠这种装置，能够把血压迅速升高，使软的脚爪变硬。也正是依靠这种液压传动机构，蜘蛛才能成为优秀的"跳高运动员"，它能跳到 10 倍于身高的高度。

　　受蜘蛛腿的启发，加拿大多伦多舞蹈学校教师高登·道顿发明了一种奇特的仿生车。这种车采用铝和玻璃纤维做材料，它由液压装置驱动。使用时，只要对后端和膝盖处的两个活塞中的任何一个施加压力，就可以驱动电动机使液体压入另一个活塞。如果朝后倾斜，液体就涌入较低的活塞，从而使膝盖伸展开；如果向前倾，则会使膝盖弯曲。虽然仅仅依靠上肢，但使用者看起来就像是在用下肢的小腿移动。

这种蜘蛛仿生车相对于轮椅来说，能给残疾者更大的活动范围。使用者坐姿很低，可以用手来推行。一位每周使用 1 小时的患者说："它有点像滑冰板，不同的是你坐在上面。"有关专家认为，这种车有助于截瘫者生长肌肉，促进血液循环。

👉 蜘蛛机器人

擦拭、清洗玻璃，可谓司空见惯的生活小事。然而，伴随着"现代化"的进展，大批高耸入云的建筑拔地而起，封闭式摩天大楼的玻璃清洗问题便日益突出起来。且不说颇费功时，单是其危险程度便不免使人望而却步了。

前不久，美国一家公司推出一种"蜘蛛人"装置，其外形与蜘蛛相仿，有 6 只脚，能在大楼外自由行走，从容跨越，更令人惊叹的是，这种"蜘蛛人"竟能按指令完成 2 万个动作，刮、铲、冲、洗，无所不能。

机器人不光在上述民用领域里大显身手，而且还跻身于广泛应用尖端科技的军事领域，成为战场上冲锋陷阵、刀枪不入的"钢铁士兵"。美国一家公司对

拓展阅读

"Ecci"机器人

　　"Ecci"机器人是目前全世界最先进的机器人之一，也是全世界首个拥有肌肉和骨骼系统的机器人。

"蜘蛛"式6腿机器人进行了多年的研究。这种机器人的上部是一个圆球玻璃罩，里面装有摄像机和各种传感器；下部为6条细长的有关节的腿，整个机器人的形状酷似一只6腿蜘蛛。腿部可自由地伸直和弯曲，可在平地行走，也可在普通履带车和轮式车无法行驶的地方行走，还可以攀登楼梯或斜坡。上部的传感器可接收各种信息，操作人员通过无线电控制它的行动。

◆ 麦秆与自行车

麦 秆

近年来，许多国家先后制成了许多式样别致的自行车。例如，有的用轻金属制成折叠式的轻便自行车，车重只有几千克，不用时，折叠起来放进旅行袋里。有的还能变速，多的有10个变速档，适合在各种道路上骑行。还有的用塑料制成，既轻便，又不生锈，还消除了金属摩擦而产生的噪音，很受人们的欢迎。

但不管哪种自行车，车架都是用很薄的空心管子做成的。车架是自行车的骨骼，因此要求有足够的强度。人们从大自然中的麦秆那里受到了启发。你看，一根细长的小麦秆，能够支持住比它重几倍的麦穗，奥妙就在于它是空心的。

原来，任何一块材料遇到外力发生变形的时候，总是一边受到挤压力，另一边受到拉伸力，而材料中心线附近长度基本不变。这就是说，离开中心线越远，材料受力越大。空心管子的材料几乎都集中在离中心线很远的边壁上，因此，它比一根同样重的实心棍子的刚度要大得多。

　　麦秆和自行车之间的关系说明了这样一个事实：人们只要虚心向生物界求教，肯定会大有收益。

折叠自行车

未来的仿生之路

　　仿生学是一门新兴学科，从诞生、发展，到现在仅有几十年的时间，虽然已经取得了一些成就，但就其研究和应用的广度和深度远远不够，在很多方面还很浅显。例如，在生物工程和遗传工程方面的仿生研究还处在起步阶段，尚需要投入更多的精力，因此，人类仿生学之路还很漫长。

仿生学向生物工程进发

◎ 生物工程技术的广阔前景

最近，人类生活中出现了一种新的完全出乎意料的助手——微生物。以前，人们一听到"微生物"这个词，就会想到可怕的传染疾病的细菌。但是，现在已经弄清楚，这些极小的微生物不仅能"生产"疾病，而且能"生产"食品、药品、稀有物质乃至能代替石油的燃料。有人甚至说，一个在世界上结束粮食匮乏现象的新纪元即将到来。

◎ 从石油和天然气中制取食物

研究微生物利用的首要任务是从单细胞有机体（酵母或细菌）着手制取蛋白质。这些有机体可以在石油中有效地发育。这样培养的作物可获得 60% ~ 70% 的蛋白质，构成蛋白质的氨基酸适用于动物性食品，换言之，从石油中可以制取肉的代用品。为了降低成本，现在又发明一套工艺，用甲醇生产蛋白质，而甲醇则可从木材、煤炭、天然气这样"原始的"产品中制取。

在用甲醇生产蛋白质时，会得到 60% 以上蛋白所用的酵母。此外，这种蛋白质的质量高，可以作补充食品。初步考察已经证明，这些产品的营养很丰富。

利用在生产过程中产生的污染环境的一些废物来制造这种人工蛋白食物引起了人们很大兴趣，例如，造纸厂的废水对环境污染是个老大难问题，如果这个问题能得到解决，既能提供丰富的营养食品，又解决了环境污染问题，真可谓一举两得了。

◎ 微生物是药剂和除害灵

在微生物利用方面，人们已经学会在发酵过程中制取各种抗生素和维生素。而用目前常规的方法生产这些物质需要消耗大量像胰岛素这样价格昂贵的东西。借助干扰素微生物制取抗病剂的前景更是令人感兴趣，这种制剂可能有广泛的用途。

🖋 知识小链接

抗生素

抗生素是由微生物（包括细菌、真菌、放线菌属）或高等动、植物在生活过程中所产生的具有抗病原体或其它活性的一类次级代谢产物，能干扰其他生活细胞的发育功能。目前已知天然抗生素有万余种。

在杀虫剂方面，利用微生物的前景也十分乐观。大的自然灾害往往招来以植物为食的幼虫和毛虫。过去，对付这些虫灾主要是用化学杀虫剂，不仅费用大，还对环境造成污染。现在，生物杀虫剂已发明并开始销售。与化学杀虫剂不同，生物杀虫剂不污染环境，而且完全是无害的。

目前，正在探索更活跃的细菌变种，并以此为基础制造效果更好的杀虫剂。生物杀虫剂也能消灭疟蚊和其他病原体。

现代微生物学在一些最意外的领域得到应用。美国有个铜矿，用生物洗矿法每天从 25 万吨矿石中提炼出 150 吨铜。这种方法是用微生物饱和的液体冲洗矿石，最后使和金属构成的硫的化合物变成沉淀的硫酸铜。这种已为我国所采用的方法具有广阔的前景，因为用这种方法能以最低的动力消耗从贫矿或副产品中提炼出金属。生物工程学应用的领域就是如此广泛。

◆ 新时代的疾病克星——生物医学工程

生物医学工程是一门高度综合性的学科。它运用自然科学和工程技术的原理和方法，从工程学角度人的生理、病理过程，并解决了防病、治病问题。

它涉及的范围很广，包括数学、物理学、化学、生物学等基础学科，也包括声、光、磁、电子、机械、化工等工程学科，它还应用于基础医学、临床医学和预防医学的各个学科。

◎ 生物电学

生物电学是研究生物和人体的电学特征——生物电活动规律的科学。生物电学研究是深入认识人体生理活动规律和病理、药理机制的基础之一，同时也为医学的临床诊断和治疗不断研究出新的方法和技术。

对人体和生物电活动的研究已有很长历史。当前，在各种学科协作配合下，一方面对生物电产生机制和活动规律的研究已深入到生物大分子的水平；另一方面，在临床医学应用上正发展着更多的新技术和新仪器。

人体要维持正常的生命活动，就需要在体内与周围环境不断进行物质的交换、能量的转化及信息的传递，这一切过程都离不开生物电活动。举一个例子，一位路上的行人，看到一辆汽车迎面驶来，就急忙躲避，这一简单动作就包含了一系列复杂的生物电活动。首先，由汽车反射的光线通过眼球进入视网膜，光引起了视细胞上蛋白质分子构象发生变化，把光能转换成电能，使视细胞膜发生周期性的同位变化，形成可传播的电信号——动作电位。

动作电位经过视觉神经把汽车的位置、运动状态等各种信息输入到中枢神经，在大脑中经过亿万个细胞的电活动，对所输入的信息进行分析、综合、判断，作出需要躲避的决定，然后，把动作指令以发放序列动作电位的方式经运动神经传送到腿部，由动作电位引起肌纤维的收缩运动，并使许多肌肉发生协调动作，从而实现了躲避汽车的宏观行为。

人体内充满了电荷，但大部分不能像金属中的自由电子那样在导体中快速运动，而是以离子、离子基团和电偶极子的形式存在。例如，组成蛋白质的 20 种氨基酸中，有 13 种氨基酸在水中能产生离子基团或表现出电偶极子特性，遗传物质 DNA 大分子也存在离子基团和电偶极子。正是靠着这些电的相互作用，才能使生物大分子保持一定的空间构象，行使特殊的生命功能。

例如，遗传密码的复制、生物大分子的合成等，都依赖于离子基团和电偶极子的相互作用。

知识小链接

氨基酸

　　氨基酸是含有氨基和羧基的一类有机化合物的通称，是生物功能大分子蛋白质的基本组成单位，也是构成动物营养所需蛋白质的基本物质。

　　在一些生命活动中，存在着瞬时的电子输送过程。例如，人体细胞内合成ATP以储存能量的过程中出现电子沿着分子链传输的现象。在外界能量（如辐射）作用和体内能量转化过程中，都能瞬时产生自由电子和质子（氢离子），它们在水溶液和大分子之间运动，完成某些功能或损害正常的生命活动。

　　各种无机离子在人体内大量存在，参与各种各样的生命活动。它们有的被束缚于一些生物大分子上，成为大分子的活性中心。还有许多种离子分散在体液、血液和细胞内、外液中，它们一方面保持着人体酸、碱度的平衡，保证细胞有正常的生存环境，同时执行着调节生命活动的使命。

　　人体内的水分子利用其电偶极子的特性，影响着许多生物大分子的结构和功能。水也和溶液中的离子发生电的相互作用，使离子外包围着若干层的水分子，称水合作用。这些离子直接参与某种生命活动时，有的需要这些水分子同时存在，有的则需要摆脱掉水分子的电的影响。

　　综上所述，人体各种电特性和电活动的来源，主要是生物大分子、离子、水和少量瞬间的自由电子的电学特性及其运动产生的，对它们的特性和功能的研究，是当前有关学科的重要前沿课题。

生物回授疗法

　　认识了生物电之后，人们在医疗上就能很好地利用它了。现在，国外非常时兴的"生物回授疗法"，也是根据人体生物电来进行体内功能自我调节的一种新疗法。这种疗法靠一台叫"生物回授计"的仪器利用人体生物电来反映情况，使人判断出自身机能的状况，进行自我调节，从而治疗植物神经系统功能紊乱引起的各种疾病，像神经衰弱、偏头疼等。例如，当一个人由于神经紧张而引起偏头疼时，脑部往往大量充血，脑部生物电压也相应增高。这时，只要用一个热敏电阻绑在食指上，通向生物回授计，然后排除杂念，回授计显示盘上的数字就逐渐上升，这说明电流开始向四肢调节，食指部的生物电压升高，脑部的生物电压下降，一会儿头就不疼了。

人体器官电活动图

由兴奋性细胞组成的人体组织和器官，如脑、心脏、骨骼肌和平滑肌、视网膜等，在生命活动中，由于细胞动作电位不断地发生和传播从而形成复杂的电流回路和电场分布。我们可以在这些组织和器官所在部位的体表测量出一定的电位变化，为了解该组织和器官的生理和病理提供重要的信息。下面分别说明一些组织和器官电活动图产生的原理、测量方法及在临床医学上的应用。

心脏有节奏地收缩扩张，受位于右心房的特殊肌细胞的自发兴奋的电信号控制，即窦房结以大约 72 次/秒的频率进行自发专极化活动，所产生的动作电位通过神经传导到两个心房，使心房肌细胞专极化，引起心房收缩从而把血液注入心室；接着动作电位传播到房室结，由房室束和蒲肯野把动作电位传到两个心室，使心室肌专极化发生收缩运动，推动血液进入体循环和肺循环，并按此顺序周而复始。同时，窦房结的起搏频率还受植物神经系统的调控，根据身体内部和外部的刺激作出反应，使起搏频率加快或减慢。

知识小链接

肌细胞

肌细胞亦称肌肉细胞，是动物体内能动的、收缩性的细胞的总称。肌细胞内含有肌原纤维，形成显微镜下所见的纵纹。肌细胞能伸能缩，不同于其他所有组织，是机体器官运动的动力源泉。

　　1876 年，玛瑞最早发现心脏收缩时伴有电反应，这种电反应的复杂形式不同于骨骼肌电反应形式，引起了大家的注意。心脏在跳动时甚至在皮肤表面上也能产生 1～2 毫伏的电压。1903 年，艾因特霍芬发明了弦线电流计，促进了心肌动作电流的深入研究。借助弦线电流计可以记录心脏电活动，并在临床上迅速获得广泛的应用。

　　心脏电活动由许多波组成，按各波先后出现的顺序分别命名为 P 波、Q 波、R 波、S 波、T 波。这一系列的电位变化称为心电图（缩写为 ECG）。其中 P 波代表左、右心房肌兴奋产生和体表电位变化，由于兴奋中窦房结向心房各处散布时电势方向不同，互相抵消甚多，故波形小而圆钝。

　　P～R 间期或 P～Q 间期代表心房开始兴奋到心室开始兴奋所需时间间隔，一般约为 0.12～0.2 秒。QRS 波群代表左、右心室肌兴奋传播过程中的体表电位变化，波群的时程代表肌兴奋传播所需的时间。在兴奋由心房传到房室结再经房室束下传的一段时间内，心电图记录不到电位变化，只有当室间隔左侧开始专极化并向其右和上方传播时，可记录到 Q 波。

　　随后，兴奋继续向心尖部分传播，并从心室壁内膜向外膜传播，对应的电势向量由心房指向心尖，可记录到向上的 R 波。最后兴奋传到左心室后侧底部与室间隔底部时，电势向量指向心底，记录到向下的 S 波。S～T 段正常时接近一等电位线，这段时间反映心室各部分均处于兴奋状态。S～T 段与等电位线的偏移称损伤电位，是心肌受损伤的反映。T 波反映心室复极化过程的体表电位变化，T 波一般向上这一事实反映了心室先兴奋的部位后复极化，而后兴奋的部位先复极化。为适应临床上对心脏疾病的诊断和心脏功能的监护、遥测，近年来已发展了许多成套的心电监测自动化仪器设备。关于心电图异常的各种心脏疾患的关系，临床医生已积累了十分丰富的诊断经验和资料。

　　肌肉的一个运动单位包括来自脑干或脊髓的单个分支的神经元和 25～2000 个肌纤维。当神经元把脑或脊髓发出的动作电位传到肌细胞后，使肌细胞专极化并产生收缩。当肌肉放松时，肌电图上只有人体或仪器的干扰和噪音，肌肉轻度用力时，肌电波是分立的；肌肉强直收缩时，由于参与活动的运动单位多，频率增高，各波形互相干扰，不再能分辨出单个肌电波。

知识小链接

肌电图

肌电图是应用电子学仪器记录肌肉静止或收缩时的电活动，及应用电刺激检查神经、肌肉兴奋及传导功能的方法。通过此检查可以确定周围神经、神经元、神经肌肉接头及肌肉本身的功能状态。

除记录自发肌电活动外，用电刺激肌肉运动单位也可得到肌电图。其优点是：刺激时间确定，所有肌纤维几乎能同时启动，也可电刺激传感神经，将信息传入中枢神经，再通过观察肌肉的反射反映来研究反射系统的功能。肌电图（EMG）是临床神经生理学检查的重要方法之一，在神经、内科、骨科、职业病诊断和运动医学等方面有广泛作用。

脑包括大脑、小脑和脑干。大脑两个半球表面的一层结构叫作脑皮质，是人类进行思维活动的物质基础。大脑皮质由神经元组成，这些神经元分别集中形成各种神经中枢。例如听、视、语言、感觉等神经中枢，神经中枢的基本活动形式是反射活动。脑电波（缩写为 EEG）是神经中枢细胞在反射活动中有节律地交变放电，是神经细胞电活动的综合。在大脑皮质中产生的电位要经过脑脊液、脑膜、头盖骨、皮下组织等传到头皮表面。在头皮表面放置电极，可探查出大量脑细胞电活动形成的电位或电位差随时间的变化。

大脑的结构和功能十分复杂，对脑电波与各种脑细胞电活动的明确对应关系目前所知不多。因此，为了给基础研究和临床诊断提供更多的信息和依据，近年来国内外已广泛开展了脑电波信号分析和信息提取的研究。这种研究以信号处理的方法原理为依据，利用计算机为工具，设计出各种程序进行分析、处理和运算，以期得出有价值的结果。

◎ 生物磁学

相对于生物电学，生物磁学的研究是近代才开始的，主要是由于生物磁信号极其微弱，而且往往深深地埋藏在环境磁噪音之中，测量仪器的分辨率长期达不到要求，随着科学技术的逐渐发展，问题才逐步得到解决。

基本小知识

生物磁学

生物磁学是研究生物磁性和生物磁场的生物物理学分支。通过生物磁学研究，可以获得有关生物大分子、细胞、组织和器官结构与功能关系的信息，了解生命活动中物质运输、能量转换和信息传递过程中生物磁性的表现和作用。

迄今探测到的生物磁场有心磁场、肺磁场、神经磁场、肝磁场、肌磁场、脑磁场等。

生物磁场的来源主要有：

（1）由天然生物电流产生的磁场。人体中小到细胞、大到器官和系统，总是伴随着生物电流。运动的电荷便产生了磁场。从这个意义上来说，凡是有生物电活动的地方，就必定会同时产生生物磁场，如心磁场、脑磁场、肌磁场等均属于这一类。

（2）由生物材料产生的感应场。组成生物体组织的材料具有一定磁性，它们在地磁场及其他外磁场的作用下便产生了感应场。肝、脾等所呈现出来的磁场就属于这一类。

（3）由侵入人体的强磁性物质产生的剩余磁场。在含有铁磁性物质粉尘下作业的工人，呼吸道和肺部、食道和肠胃系统往往被污染。这些侵入体内的粉尘在外界磁场作用下被磁化，从而产生剩余磁场。肺磁场、腹部磁场均属于这一类。

◎ 生物磁场及其医学应用

心磁场

心脏的心房和心室肌肉的周期性收缩和舒张伴随着复杂的交变生物电流，由此而产生了心磁场。心磁场随时间的变化曲线称为心磁图（MCG）。

心磁图与心电图在时间变量与波峰值上有相似之处。测量心磁图时需要将磁探头放在心脏位置的胸前，随着位置的变化记录所得 MCG 各成分亦有所不同。心磁图与心电图相比有一些明显的优点。首先，测心磁图时不必使用电极就可测得生物组织的内源性电流；其次，在心磁图上可呈现出心电图尚不能鉴别的异常变化；最后，测心磁图时不必与皮肤接触，也不用参考电极，不会出现由此而产生的误差。

脑磁场

脑细胞群体自发或诱发的活动，产生复杂的生物电流，由此产生的磁场叫脑磁场。脑磁场随时间的变化曲线称为脑磁图（MEG）。脑磁图比脑电图有许多明显的优点。

首先，脑磁图既不需要参考点也不需要与皮肤接触，不会出现由此引起的误差。另外，脑磁图能直接反映脑内场源的活动状态，特别能显示出脑深层场源的活动状态，更能准确确定场源的强度和位置。

肺磁场

心磁场和脑磁场属于内源性磁场，而肺磁场则属于外部含有铁磁性物质的粉尘侵入人体肺部在磁化后所产生的剩余场。

肺磁场的研究之所以受到人们的重视，一个直接的原因是在医学上的重要应用。

众所周知，职业性尘肺病诊断的唯一有效手段是 X 射线法。但此法属于影像学，一般来说只有粉尘与肺组织形成生化反应而导致病变的才能检查出来。肺磁法则属于含量学，只要肺部积存一定量的粉尘，不管侵入的时间长短都能被检测出来，这就意味着对那些虽积存一定粉尘但尚未构成病理的早期病人也能检查出来，从而进行早期预防，这对防止某些职业性尘肺病的发生有着重要的作用。

◎ 生物医学材料与人工器官

生物医学材料是指能植入人体或能与生物组织相接触的材料；或者说是具有天然器官组织的功能或天然器官功能的材料。近年来，器官移植虽然取得了巨大的进展，但排异反应和器官来源等问题仍是一个难题。因此，医学界对生物医学材料和人工器官的要求日益增加。

最近几十年来，生物医学材料和人工器官的研究才有较大的进步，在很大程度上应归功于高分子材料科学和工业的发展。20 世纪 50 年代，有机硅聚合物开始应用于医学，对人工器官的研究起了促进作用。特别是 20 世纪 60 年代以后，具有各种特殊功能的高分子材料不断研制出来，一部分从事高分子科学的人员也把研究方向转向生物医学高分子材料方面。在经济发达国家，用高分子材料制造医疗用品已十分普遍。现在，除了大脑之外，几乎所有的人工器官都在进行研制，有些已经作为商品出售。仅美国和欧洲，每年用于人体自然缺陷和损伤的修复植入材料就有四五百万件，每年有上百万病人在用人工器官。人工器官和以高分子材料为主的生物医学材料已开始成为一个新兴的工业。

人工肺

人工肺又名氧合器或气体交换器，是一种代替人体肺脏排出二氧化碳、摄取氧气，进行气体交换的人工器官。以往仅应用于心脏手术的体外循环，需和血泵配合，称为人工心肺机。20 世纪 70 年代初，已将人工肺作为一个单独的人工器官进行研究。

目前，用于心脏手术的人工肺大部分采用一次使用的附有热交换装置的鼓泡式人工肺。这种人工肺，在国内外得到广泛的应用。随着高分子化学的飞速发展，为研制膜式人工肺提供了大量可选用的膜材料和新技术。

1960 年，人类用硅胶为原料试制出膜式人工肺，具有较好的气体传输功能，适宜于长期体内循环。而后，又有不少学者从血液动力学角度进行研究，以期获得符合生理性能、功效更佳的人工肺。

人工心脏

人工心脏是在解剖学、生理学上代替人体因重症丧失功能不可修复的自然心脏的一种人工脏器。人工心脏分为辅助人工心脏和完全人工心脏。辅助人工心脏有左心室辅助、右心室辅助和双心室辅助，以辅助时间的长短又分

人工心脏

为一时性辅助（2 周以内）及永久性辅助（2 年）两种。完全人工心脏包括一时性完全人工心脏、以辅助等待心脏移植及永久性完全人工心脏。要想制成像自然心脏那样精确的组织结构、完全模拟其功能的人工心脏是极不容易的，需要医学、生物物理学、工程学、电子学等多学科的综合应用及相当长时期的研究。

从广义及泵功能这一角度考虑，人工心脏研究可以追溯到体外循环的动脉泵开始。心肺机利用滚筒泵挤压泵管将血泵出，犹如自然的搏血功能进行体外循环。而人工心脏这个血液泵恰是受此启发而开始研究的。1957 年，美国医学家将聚乙烯基盐制成的人工心脏植于人体内生存 1.5 小时，以此为开端展开了世界性人工心脏研究。

世界上虽已进行了几例完全人工心脏临床应用，但目前人工心脏仍处于以动物试验为主的研究阶段。但已有的临床应用表明，完全人工心脏能代替自然心脏的功能，用其维持循环是可行的，其前景是乐观的。

拓展阅读

人工心脏起搏器

人工心脏起搏器实际上是人工制成的一种精密仪器。它能按一定形式的人工脉冲电流刺激心脏，使心脏产生有节律地收缩，不断泵出血液以供应人体的需要。一旦心脏病患者出现异常情况，人工心脏起搏器可以"领导"心脏进行有规律地跳动，从而帮助患者免除各种心脏疾病。

人工血液

近年来由于外科手术日益进步，因而输血用血液也越来越不足，迫切需要研制代用品。血液由有形成分及无形成分组成，其主要生理功能是携氧、运输氧和营养物质，清除二氧化碳和代谢产物以及免疫防御等。多年来曾研究了血浆、血浆成分的制品及各种血细胞悬液，以期合理而节约地使用血液。其后又研制了许多种血浆代用品，目前广泛使用的有右旋糖苷、明胶代血浆和羟乙基淀粉。它们都是胶体溶液，其扩充血浆容量的效果显著，但均不具备血液气体交换的主要功能。

知识小链接

血　浆

血浆是血液的重要组成部分，它的主要作用是运载血细胞，运输维持人体生命活动所需的物质和体内产生的废物等。血浆的化学成分中，水分占90% ~ 92%，其他约10%以溶质血浆蛋白为主，并含有电解质、营养素、酶类、激素类、胆固醇和其他重要组成部分。

输血时配血费时又易发生错型，此外由于输血而传播肝炎及艾滋病的危险也无法妥善解决，故而有待研制出既可携带又无毒害的人工血液，这对平时和战时的医疗来说都是极为重要的课题。

人工肾

人工肾是一种替代肾脏功能的装置，主要用于治疗肾功能衰竭和尿毒症。它将血液引出体外利用透析、过滤、吸附、膜分离等原理排除体内过剩的含氮化合物、新陈代谢产物或逾量药物等，调节电解质平衡，然后再将净化的血液引回体内；亦有利用人体的生物膜（如腹膜）进行血液净化。它是目前临床广泛应用、疗效显著的一种人工器官。就慢性肾炎和晚期尿毒症的治疗效果而言，其 5 年生存率已达 70% ~80%，其中约有一半患者还能部分恢复劳动力。由于上述成就，人工肾的治疗范围逐步扩大，并进入免疫性疾病的治疗领域，受到各方面的重视，成为人工器官研究最活跃的领域之一。

近年来开发的新的人工肾技术主要包括血液滤过、血液灌流和腹膜透析。

人工肝

人体中的肝脏是一个极为复杂的器官，根据现代科学技术水平，要研制一个装置，可以长期或基本上代替肝脏主要功能的名副其实的人工肝，还是不可能的。近代对人工肝的研究，只是用一种装置或系统来暂时代替肝脏的某些功能。

因为肝脏有强大的再生能力，临床患者或动物实验中将肝切除 1/2，2 ~3 个月以内，其剩余的肝组织又可生长到原来体积，而且其功能也完全恢复。这样，如能研制成一种装置，协助肝衰竭患者度过危险期，等待肝细胞再生，则患者可能获救。

目前国际上对人工肝辅助的研究，多处于基础及动物实验阶段。有些已进行临床应用，但尚无根本性突破。

人工关节

多年来人们就采用各种人工关节治疗关节强直、关节畸形和各种破坏性

人工关节

骨关节疾病，力图将这些有病的关节矫正，并恢复功能，使之成为稳定的、不疼的，并有一定的功能的关节，为此许多学者做出了巨大的努力。迄今已研制出膝、髋、肘、肩、指、趾关节假体用于临床。

1890 年，Gluck 首先应用象牙制造下颌关节；1938 年，Wiles 用不锈钢作髋臼与股骨头；而后 Moor 开展了人工股骨节置换术；1940 年，Wder 兄弟用合成树脂制造人工关节；1951 年开始全髋人工关节置换术。

1952 年，Habowsh 用固定牙的丙烯酸酯固定人工髋关节，由此合成树脂开始用于人工关节的结合。1958 年，Charnhey 根据重体环境滑润理论，用聚四氟乙烯髋臼和金属股骨头制成低摩擦的人工关节，接着在 1962 年，Charnley 把高密度聚乙烯髋臼和直径为 22 毫米的股骨头组成全髋人工关节，并用骨水泥（甲基丙烯酸酯）固定，获得较满意的效果。自此，人工关节置换术进入实际应用的新阶段。

你知道吗

人工关节置换术后注意事项些

出院三个月后一般要到医院进行复查，了解关节假体的位置及稳定性是否良好。术后半年再复查一次，以后每半年都要进行拍片检查。如果出现不适，或因意外情况造成关节受伤，要及时到医院检查治疗。

目前，英美各国每年可施行全髋人工关节置换术数万例，并获得了较好的治疗效果。

◎ 生物工程在各方面的应用

现在，生物工程已经发展成为一个新兴的工业部门。短短 10 年时间，部分产品已经达到了应用阶段。

在医药工业方面。1977年，美国第一次用大肠杆菌发酵生产人的生长激素——生长激素释放抑制素。可望不久将供应市场的产品有乙肝炎疫苗、阿尔法型干扰素、伽马型干扰素、尿激酶等新药。这些新药给癌症、脑血栓、血友病、侏儒症等疾病患者带来了新的希望。其他用基因工程生产的免疫球蛋白、流感疫苗、小儿麻痹疫苗等也都已进入试制的最后阶段。单克隆抗体技术已经广泛应用在临床诊断、监测以及对疾病的进一步治疗上。

在兽用药物方面。用基因工程生产猪、牛的幼畜腹泻疫苗也已经在荷兰正式投产。其他如猪、牛生长激素、牛干扰素，以及口蹄疫苗、狂犬病疫苗等多种疫苗已经进行试验性生产。

在农业方面。正在研究用遗传工程的方法使小麦、水稻等农作物能够吸收空气中的氮，自行固氮。如果成功，就可以大幅度地提高单位面积产量，并且避免施用尿素等化肥所带来的环境污染和氮化物致癌等弊病。

在工业方面。可以用基因工程培养出特殊的"超级细菌"。这种细菌喜爱吸收某种金属，这样不用花大力气就能够探明矿藏，并且利用它来进行采矿。据统计，全世界每年用"超级细菌"浸出的铜高达20万吨。培养"超级细菌"还可以吸掉石油里某种杂质，相应降低石油产品的成本。

在食品工业方面。国外应用遗传工程的发酵法和酶法已经生产了18种氨基酸，年产量达到30万吨。

在能源方面。目前正在研究能够再生的生物能源，如用基因工程培养特殊的细菌，把没有用的植物纤维素分解成葡萄糖，生产酒精，用来补充或替代石油。

知识小链接

基因工程

基因工程是生物工程的一部分，是在分子水平上对基因进行操作的复杂技术，是将外源基因通过体外重组后导入受体细胞内，使这个基因能在受体细胞内复制、转录、翻译表达。

生物工程作为一门新兴的工业，今天还处在方兴未艾的开发阶段，但是它越来越引起人们的高度重视，相信它在人类的生活中将日益显示出巨大的作用。

◎ 细胞合成的医学启示

生物的活细胞，是天然化工厂。生命活动所必需的一切有机物质，都是由细胞合成的。在生物合成中，起关键作用的是酶。生物酶比化学工业上应用的无机催化剂效率高，而且不需要高压、高温，既方便，又经济。

研究活细胞内的有机合成，给了人们很大的启示，这表现在有成效地借用这些天然物质的结构或个别生化反应原理和整个生物合成路线。

早在19世纪，人们就学会了从植物中提取颜料、药物和许多其他有用的物质，例如植物碱吗啡（止痛剂）、奎宁（治疟疾药）、利血平（抗高血压药）等。但是，人们并不满足这种简单的提取，许多重要的生物碱、维生素、激素和抗生素的人工合成法接着问世了，它显示出较大的优越性。在某些场合下，人工合成的产物，比天然产物更加理想。研究生物细胞内合成的某些物质的结构特性，使人们发现了一条寻找具有同样或更高的生物活性的化合物的途径。

◎ 生物黏胶

茗荷一类海洋甲壳动物在成熟初期能分泌出一种黏液，把自己终生固定在一个地方。这种黏液黏着极为牢固，于是科学家们便着手研究以便人工合成。

据估计，类似茗荷的"特种黏合剂"，可以在最近5～10年内合成。据称，这种黏合剂具有很高的抗张强度，因此，用来黏结建筑结构单元，可以说是"超级水泥"。同样，也可用于造船和机械制造业等。进行电气安装时，有的电子元件不耐热，不宜焊接，用这种黏合剂可以说是理想极了。海员们都知道船漏了难办，特别是油船，补漏一直是个棘手的问题。

有了这种黏合剂，便可在水下 5 ~ 10 分钟内将漏洞和裂缝补好。这种黏合剂与现在的几百种黏合剂比较还有一个优点，即不一定需要"清洁而干燥"的表面，它能黏结除钢和汞外的任何东西。这一点在医疗上也是很有用处的。因为现在虽已制造出用来止血和代替手术线的黏合剂，但类似茗荷黏合剂将更加优越：如果皮肤划破了口，像黏结纸一样，用它一粘即合，你看多好啊！

◎ 杀菌史上的革命

苍蝇到处乱飞，污染环境，传染疾病，使人生厌。其实，苍蝇具有很强的抗病本领。如果我们在显微镜下去观察的话，整个苍蝇是完全处于细菌的包围之中，在它身上生活的细菌是上亿，甚至上百亿。而苍蝇自己却能"安然无恙"。在二战结束之后，苍蝇引起了许多军事科学家、生物学家、病理学家的极大兴趣。他们带着各自的目的在进行研究。结果发现苍蝇的进食方

你知道吗

苍蝇为什么总搓脚

人和一些动物是用舌头来尝味道的，然而昆虫的味觉器官就不同了，据研究苍蝇是用足来尝味道的。苍蝇极为贪食，又很活跃，时间长了，它的脚上自然免不了要沾上许多东西。只要它一停下来，总把脚搓来搓去，目的是清理脚上沾着的东西，保持味觉器官的敏锐性。

法与众不同，它是一边吃，一边吐，一边又拉。它的消化道工作效率之高，是其他任何一种动物也无法与之比拟的。当食物进入消化道后，它可以立即进行快速处理。在 7 ~ 11 秒钟之内，可将营养物质全部吸收，与此同时，它又能将废物及病菌迅速排出体外。当病菌进入苍蝇体内，准备要"繁育后代"时，却已被苍蝇排出体外。

但也有个别的强硬对手具有快速繁育后代的能力，碰上这样的细菌，苍蝇只好用最后一张"王牌"。

在 20 世纪 80 年代中期，意大利病理学家经过研究发现：当病菌侵入苍

蝇机体，使它的生命受到威胁时，它的免疫系统就会立即产生 BF 和 BD 两种球蛋白。这两种球蛋白，说得确切一点，可以叫作"跟踪导弹"。它们会自动射向病菌，引起爆炸，与敌人"同归于尽"。更为神奇的是，BF 和 BD 这两种球蛋白从免疫系统发射出来时，它们是一前一后，自找目标，从不错乱。更叫你无法理解的是，这两种球蛋白在消灭对手时，一定以"彻底消灭干净"为最终目的。

人类常用的抗菌素药物，例如青霉素、庆大霉素之类，如果与 BF、BD 比较起来，不知相差多少倍。正因为如此，目前有许多病理学家们正在潜心研究，想把它们应用到人类的抗菌治病方面来。如果能提取 BF 和 BD 用于人类抗菌，无疑将是一大福音。

◎ 肺鱼的"安眠药"

在非洲，有一种名叫肺鱼的珍奇动物。这种鱼是介于鱼与两栖类中间类型的动物。它用肺呼吸，两个胸鳍很像动物的前肢，它就靠这两个胸鳍在陆地上爬行。肺鱼的生存，已经有 4 亿年的历史了。科学家们认为，它是自然界中最先尝试由水生转向陆生的动物。这种奇异的肺鱼生活在中非洲的淡水沼泽里。当长达数月之久的旱季来临的时候，它们就钻到烂泥深处，昏睡休眠，直到雨季来临，才出来活动。

这种有趣的鱼引起了有关科学家们的极大兴趣。不少科学家认为，在昏睡不醒的动物体内，一定存在着一种能引起睡眠的激素。这种睡眠激素将能帮助千百万苦于失眠而求助于安眠药的人们。

现在科学家已经从非洲肺鱼的脑组织中提出了一种物质。第一次生物实验已获成功。将这种物质引入实验动物老鼠体内，它们能很快入睡，而

肺　鱼

醒后精神爽快，显得很健康。

◎ 激 素

我们知道，人的激素对生长、消化、生殖等过程有着十分重要的意义。激素分泌的量不足或过量，都会引起我们身体发生病变。在其他动物的生命活动中，激素也起着非常大的作用。那么，生物钟是否可以通过某种激素的影响来解释呢？

基本小知识

激素的分类

激素按化学结构大体分为四类。第一类为类固醇，如肾上腺皮质激素、性激素。第二类为氨基酸衍生物，有甲状腺素、肾上腺髓质激素、松果体激素等。第三类激素的结构为肽与蛋白质，如下丘脑激素、垂体激素、胃肠激素、降钙素等。第四类为脂肪酸衍生物，如前列腺素。

生物钟的研究，使医务工作者开始注意到，同样的医疗措施得出不同的医疗效果，往往与治疗的时间有一定关系；临床分析得出的结果，也常常与时间因素有关联。栽培学、畜牧学、养蜂学、生理学、生物化学和生物物理学的工作者们，也从生物钟的研究中得到启示：在研究某种因素（条件）对生物的影响时，需要十分严肃地对待和对照试验生物的"其余条件相同"这一前提，表面上相同的"其余条件"，实际上可能由于时间不同变成完全不相同。

▶ 跨世纪的研究热点——大脑与人工智能

◎ 大脑结构与人工智能

现代神经科学的研究指出，所有行为都是脑功能的某些表现，思维、学习、智力也不例外。因此，研究智能理论与技术必须考察一下脑的结构与功能。

　　脑位于颅腔内，由脑干、小脑和大脑组成。由脊髓开始向上，依次是延髓、脑桥、小脑、中脑、间脑和大脑皮层半球。把延髓、脑桥、中脑三者统称为脑干，它含有丰富的神经核。下丘脑是大脑皮质下的重要内脏神经中枢，它在大脑皮质影响下可以对内脏的活动起重要的调节作用，如水平衡、心跳、血压、呼吸、消化、内分泌、糖和脂肪的代谢、体温调节等都可以改变。

　　大脑由左右大脑半球组成，它笼盖在间脑、中脑和小脑的上面。左右大脑半球之间有大脑纵裂，裂缝处有连接两半球的横行纤维，称为胼胝体。大脑半球表面凹凸不平，布满深浅不同的沟，沟与沟之间的隆起称为大脑回。每个半球以几条主要沟为界分为不同的叶。这些叶在功能上各有分工。

大脑半球外侧面

　　大脑半球表面被覆一层灰质，称为大脑皮质。大脑皮质由无数大小不等的神经细胞（神经元）和神经胶质细胞以及神经纤维构成。大脑皮质的神经元和神经纤维均分层排列，神经元之间形成复杂的神经网络。由于它们联系的广泛性和复杂性，使大脑皮质具有高度分析和综合的能力，构成了思维活动的物质基础。

　　大脑皮质的组织有两个重要的特点：即交叉性和非对称性。交叉性指每个脑半球都处理与它对侧躯体的感觉与运动。从身体左侧进入脊髓的感觉信息在传到大脑皮质之前在脊髓和脑干区交叉到神经系统的右侧，脑半球中的控制区域也交叉控制对侧身体的运动。非对称性是说两个半球虽然十分相似，但它们的结构并不完全对称，功能上也不完全相同，因为功能是按区定位的。

　　但功能分区定位并不是机械的一对一关系。许多功能特别是高级思维功能通常都可以分成若干子功能。这些子功能之间不仅存在串序关系，也存在并序关系。因此，对于一定特定功能的神经加工往往是在大脑的许多部位分布式进行的。正因为这个缘故，某一部位的损伤不一定会导致整个功能的完全丧失，或者即使暂时丧失了，也可能逐步得到恢复，这是因为其他组织也可以承担受损伤的那个组织的任务。事实上，皮质的各个部分都有各自的功能，每个定位区内有该功能的中枢对此功能进行整合。从纤维分布的情况可以看出，各部位的功能并不是完全独立地进行的，只是以它为主而已。

趣味点击　左脑是知识司令，右脑是创造司令

左脑是知识司令，它的职责是以分析思维、集中思维为主进行智力开发。右脑是创造司令，它的职责是以想象、直觉思维、扩散思维为主进行智力开发。

在脑的研究方面，目前主要侧重于思维和记忆的机制，但由于人脑的复杂性，所以人们只能从具有简单神经系统的昆虫和蠕虫着手。人工智能的任务，就是研究和完善等同或超过人的思维能力的人造思维系统。

从目前研究人工智能的内容和进展情况来看，人工智能的研究工作包括计算机方法和仿生学。计算机方法是利用现有的电子计算机的硬件设备，研究计算机的软件系统，来实现计算机的图像识别、自然语言识别和机器思维等工作。这项工作，可以叫作机器智能，是人工智能的初级阶段。

仿生学对人工智能的研究主要从两方面着手进行：一方面根据生理学、心理学等学科的现有成就，对人脑进行人工模拟，建立人工智能领域的大脑学说，即建立人体神经系统的各种生物模型、数学模型以及电子模型；另一方面，根据以上模型研究、设计和制造具有人体神经系统某些功能的人工智能机。按仿生学的途径来研究人工智能有 2 个特点：①研究生物模型和研制人工智能机的工作相辅相成，互相促进。②电子计算机与人工智能机的交叉和互相渗透，电子计算机是研究人工智能的重要工具。

　　人工智能这一术语是 1956 年在美国召开的世界第一次人工智能大会上提出的。人工智能这一学科至今已有 40 年的历史，在国际上已确认人工智能是当代高科技的核心之一。

　　人工智能是一个广义词，各有说法，要对人工智能准确的定义或给出一般性的定义是有困难的，因此可用基本含义描述：人工智能是用机器（计算机）来模仿人类的智能行为，即上面的机器智能。现在人们所指的智能，是指人类在认识和改造客观世界的活动中由思维活动和脑力劳动所体现的能力，即理解和解决问题的能力。由人工智能的基本含义可知，它的研究领域是广泛的，它与其他学科是相互渗透的，属交叉学科，因此边界是模糊的。如在人工智能研究领域中的定理证明与数学、自然语言理解与语言学、认知模型与心理学、推理方法与思维学、机器人与机械学、模式识别与电子学、人工神经网络与生理学等都有交叉。

　　另外，从人工智能学科的发展历史也可知，它所包含的分支内容也在不断变化，既有分出去的，也有新增加的。人工智能的核心一直是该学科发展中争论的问题之一。问题争论的基本原因是因为人工智能属交叉性学科，可以从不同学科的角度研究。根据人工智能的含义可以把人类思维活动过程作为研究目标，因此 Newell 以为思维规律是人工智能的研究核心，该观点来自哲学家 Aristotle，他认为在人的思维活动中形式逻辑是一切推理活动的核心，并且 Leibnit 和 Boole 又进一步把形式逻辑符号化和数学化，从而能实现对人的思维进行运算和逻辑演绎推理。因此，早期代表人物是 Newell 和 Simen 等人，他们研究出通用问题求解程序，主要用于数学定理证明。

　　根据人类思维规律中以形式逻辑为研究核心暴露出来的问题，心理学家则主张直接研究人类在解决问题时的实际思维活动。他们认为人类的智能行为是建立在知识基础上的，即理解和解决问题的过程是依赖于人所具有的知识，所谓"知识就是力量"。具有这种观点的代表人物是斯坦福大学的 Feigenbanm，他认为知识是人工智能的研究核心，人类的所有智能活动，即理解和解决问题的能力，甚至学习能力都完全靠知识，并于 1977 年的第五届国际人工智能大会上提出知识工程这一名词，后来知识工程成为人工智能领域卓有成就的分支之一。知识工程的目标是智能信息处理系统，它开创了以知识为基础的专家系统，即具有知识获取、知识表达、知识处理、知识运用的智能信息处理系统，它是以人实施的信息处理为模型来构造的。

以上观点都是从人类思维活动的思维学和心理学的特性出发，通过计算机软件进行宏观的智能功能模拟，把客观世界构成形式模型，在人工智能发展史上称为功能派或心理学派。

另有一派是从人脑的生理结构出发，认为大脑是一个智能问题求解系统，应把大脑构成形式模型，研究模拟思维活动的机理结构，即神经细胞、神经网络和脑模型的研究结构系统，因此称它们为结构派或仿生学派。这方面初期研究成果有：神经网络模型，它是通过神经网络的几种基本逻辑元件来组成的；感知机，它是模仿视觉，通过学习功能进行模式识别的脑模型；后来又研究出联想机，它是模仿脑的联想功能（联想记忆、联想识别以及联想推理）。当时由于电子学受其他学科领域技术限制，在 20 世纪 70 年代后期研究进展不大。20 世纪 80 年代中期以来又再度掀起神经网络的研究热潮。

在人工智能研究进程中，不管是哪种观点、哪个派别，都表明人工智能研究是极困难的，因此，还有待研究者们付出巨大的努力。人工智能的研究内容主要分为以下几个方面。

（1）知识获取，研究机器如何从各种知识源获取知识的问题。根据知识源的不同，机器获取知识的途径可有直接或间接两种方式。机器直接获取知识是指机器直接接受客观世界的自然信息，并进行信息处理加工，如机器感知（机器视觉和机器听觉等）。机器视觉是机器能进行文字、图像识别和物景分析，从而获取知识；机器听觉是通过对声音识别和语言识别来获取知识。另外还有通过机器对话（自然语言对话和机器阅读对话）来获取知识，它是在机器视觉和听觉的基础上，再经机器思维和机器行为来构成的，这样获取的知识类型可以扩展，如经验知识等。以上涉及人工智能领域的研究内容是模式识别、自然语言理解等。

知识小链接

机器视觉

　　机器视觉就是用机器代替人眼来做测量和判断。机器视觉系统是指通过机器视觉将被摄取目标转换成图像信号，传送给专用的图像处理系统，根据像素分布和亮度、颜色等信息，转变成数字化信号。图像系统对这些信号进行各种运算来抽取目标的特征，进而根据判别的结果来控制现场的设备动作。

　　机器间接获取知识是指人机交互式的知识传递。根据知识获取自动化程度可划分为人工知识获取、半自动知识获取和自动知识获取 3 种。

　　人工知识获取是较常用的方式，它是通过计算机键盘与计算机进行人机交互式的知识传递。在这种方式下知识获取过程为：求解问题的确定、问题域知识概念化和建立知识基本模型、有效知识表示模式。半自动知识获取是以智能编辑器为知识获取辅助工具，进行人机交互式的知识传递。在人工智能系统开发中，知识获取问题是最困难和最棘手的。

　　首先要把问题域的各种知识源传递给程序设计员掌握，因此人工智能程序员必须与问题域的专家、工程技术人员、用户之间进行知识信息交换。由于受程序员对问题理解能力因素的限制，特别是领域专家的一些直觉知识很难准确地描述，也有虽然已获得知识，但受人工智能语言限制难以充分表达，因而会影响知识的确定性、有效性以及会出现知识之间的不一致性等。智能编辑器可免去程序员与具有问题域的知识人员之间的中间知识传递，而由问题域的知识人员直接与机器交互传递知识，自动形成知识库，提高获取知识的可靠性，减少错误。这类半自动知识获取的学习策略仍需有问题域知识的人来指导学习，故又称指导注入式。

　　自动知识获取是指人工智能系统在运行过程中，能对处理过的问题实例进行探索、归纳和总结，获取新的经验和知识或启发式知识，发现新知识。其相应学习策略是示例学习、类比学习、发现式学习等，这种学习具有一定的创造性。

上述机器间接知识获取方法在人工智能研究领域的内容为机器学习、专家系统开发工具。

（2）知识表示是研究如何在机器中表示知识的方法学问题。构造任何人工智能系统，在知识获取初级阶段是根据确定的问题域，把有关问题域的各种知识源经各种传递方式汇合给人工智能程序员，然后进入概念化阶段，该阶段要进行的工作有：对求解问题进行子问题分解；研究各问题涉及的定义、概念及相互关系；各知识的层次关系、因果关系；给定的信息和数据内容；专家的经验知识、启发知识和联想知识等。知识表示阶段是在概念化阶段所建立的求解问题基本模型基础上，把所确定的知识假设空间结构和数据特征结构，变换成一定的表示形式，且必须是机器可以接受的表示形式，因此该阶段实际是知识的模型化或形式化阶段。由于不同特性的知识描述，所用的表示模式不同，而且同一个问题亦可用不同的表示方法，但它们在效能上是有差异的，因此要用一定原则专门评估知识形式化工作。在人工智能中知识表示研究也是一个最基本的内容。现已有十几种表示方法，常用的有：产生规则表示法、过程式知识表示法、特征表示法、框架结构表示法、语意网络表示法等。

（3）问题求解即运用存贮于机器中的知识形式进行相应知识处理的问题。

求解问题的能力是衡量智能的重要尺度。在人工智能中问题求解应与传统程序的问题求解严格分开。传统程序的问题求解是依靠建立数学模型和相应的算法进行；而人工智能中的问题求解是由思维规律和心理学出发建立模型。因此人工智能的问题求解是运用已有知识来推出结论，故推理方式与知识表示形式有密切关系，一般用搜索原理或逻辑演绎原理，在所构造问题域的空间内进行问题求解。搜索原理策略有宽度优先搜索、深度优先搜索、启发式搜索等。

逻辑演绎是反复运用归结原理求解。全部知识推理过程是由控制器或推理机来引导实现，其基本控制策略有正向、反向、双向混合推理。问题求解是人工智能研究领域的核心课题之一。有许多分支课题都与它密切相关，如自然语言理解、模式识别、数学定理证明、智能机器人、机器学习、专家系统等都涉及问题求解。

知识小链接

模式识别

　　模式识别又称作模式分类，是指对表征事物或现象的各种形式的信息进行处理和分析，以对事物或现象进行描述、辨认、分类和解释的过程，是信息科学和人工智能的重要组成部分。

◎ 人工智能语言

　　任何人工智能系统的构成必须有相应的语言。其作用是为了表达人类的思维活动，把问题域经形式化的知识有效地传递给机器，便于对求解问题基本模型的表示。自人工智能发展以来，由于应用领域广泛，对语言的要求也有所不同，目前较广泛应用的是 LISP 和 PROLOG 两种语言。

　　人工智能的应用研究是指根据人工智能原理构成的智能信息处理系统，或称智能系统，它是专家系统、神经网络、模糊控制三者的总称。由于人工智能学科本身具有广泛性的特点，因此其应用研究也已深入各个学科和领域，并取得了显著成果。随着学科的发展已形成许多新的重要分支，如专家系统、智能机器人系统、自然语言理解系统、模式识别系统、机器学习系统、智能控制系统等。

◎ 人工神经网络

　　"人脑是如何工作的?"

　　"人类能否制作模拟人脑的人工神经元?"

　　多少年以来，人们从医学、生物学、生理学、哲学、信息学、计算机科学、认知学、组织协同学等各个角度企图认识并解答上述问题。在寻找上述问题答案的研究过程中，近年来逐渐形成了一个新兴的多学科交叉技术领域，称之为"神经网络"。神经网络的研究涉及众多学科领域，这些领域互相结合、相互渗透并相互推动。不同领域的科学家又从各自学科的兴趣与特色出发，提出不同的问题，从不同的角度进行研究。

心理学家和认知科学家研究神经网络的目的在于探索人脑加工、储存和搜索信息的机制，弄清人脑功能的机理，建立人类认知过程的微结构理论。

生物学、医学、脑科学专家试图通过神经网络的研究推动脑科学向定量、精确和理论化体系发展，同时也寄希望于临床医学的新突破；信息处理和计算机科学家研究这一问题的目的在于寻求新的途径以解决目前不能解决或解决起来有极大困难的大量问题，构造更加接近人脑功能的新一代计算机。

人工神经网络是由大量的简单基本元件——神经元相互连接而成的自适应非线性动态系统。每个神经元的结构和功能比较简单，但大量神经元组合产生的系统行为却非常复杂。人工神经网络反映了人脑功能的若干基本特性，但并非生物系统的逼真描述，只是某种模仿、简化和抽象。与数字计算机比较，人工神经网络在构成原理和功能特点等方面更加接近人脑，它不是按给定的程序一步一步地执行运算，而是能够自身适应环境、总结规律、完成某种运算、识别或过程控制。

人工神经元的研究起源于脑神经元学说。19 世纪末，在生物、生理学领域，Waldeger 等人创建了神经元学说。人们认识到复杂的神经系统是由数目繁多的神经元组合而成。神经元互相联结形成神经网络，通过感觉器官和神经接受来自身体内外的各种信息，传递至中枢神经系统内，经过对信息的分析和综合，再通

拓展阅读

神经系统的主要功能

神经系统的主要功能：（1）神经系统调节和控制其他各系统的功能活动，使机体成为一个完整的统一体。（2）神经系统通过调整机体功能活动，使机体适应不断变化的外界环境，维持机体与外界环境的平衡。

过运动神经发出控制信息，以此来实现机体与内外环境的联系，协调全身的各种机能活动。

神经元也和其他类型的细胞一样，包括有细胞膜、细胞质和细胞核。但是神经细胞的形态比较特殊，具有许多突起，因此又分为细胞体、轴突和树突三部分。细胞体内有细胞核，突起的作用是传递信息。树突是作为引入输入信号的突起，而轴突是作为输出端的突起，轴突只有一个。树突是细胞体的延伸部分，它由细胞体发出后逐渐变细，全长各部位都可与其他神经元的轴突末梢相互联系，形成所谓"突触"。在突触处两神经元并未连通，它只是发生信息传递功能的结合部。突触可分为兴奋性与抑制性两种类型。每个神经元的突触数目正常，最高可达 10^5 个。各神经元之间的连接强度和极性有所不同，并且都可调整。基于这一特性，人脑具有存储信息的功能。利用大量神经元相互连接组成人工神经网络可显示出人的大脑的某些特征。下面通过人工神经网络与通用的计算机工作特点来对比一下。

若从速度的角度出发，人脑神经元之间传递信息的速度要远低于计算机。但是，由于人脑是一个大规模并行与串行组合处理系统，因而，在许多问题上可以作出快速判断、决策和处理，其速度则远高于串行结构的普通计算机。人工神经网络的基本结构模仿人脑，具有并行处理特征，可以大大提高工作速度。

普通计算机是具有相互独立的存储器和运算器，知识存贮与数据运算互不相关，只有通过人编出的程序使之沟通，这种沟通不能超越程序编制者的预想。元器件的局部损坏及程序中的微小错误都可能引起严重的失常。

人类大脑有很强的自适应与自组织特性，后天的学习与训练可以开发许多各具特色的活动功能。如盲人的听觉和触觉非常灵敏；聋哑人善于运用手势；训练有素的运动员可以表现出非凡的运动技巧等等。

人工神经网络也具有初步的自适应与自组织能力。同一网络因学习方式及内容不同可具有不同的功能。人工神经网络是一个具有学习能力的系统，可以发展知识，以致超过设计者原有的知识水平。通常，它的学习训练方式可分为 2 种，一种是有监督或称有导师的学习，这时利用给定的样本标准进行分类或模仿；另一种是无监督学习或称无导师的学习，这时，只规定学习方式或某些规则，具体的学习内容随系统所处环境（即输入信号情况）而异，系统可以自动发现环境特征和规律性，具有更近似人脑的功能。

人工神经网络早期的研究工作应追溯至 20 世纪 40 年代。下面以时间顺序，以著名的人物或某一方面突出的研究成果为线索，简要介绍人工神经网络的发展历史。

1943 年，心理学家 W. Mcculloch 和数理逻辑学家 W. Pitts 在分析、总结神经元基本特性的基础上首先提出神经元的数学模型。此模型沿用至今，并且直接影响着这一领域研究的进展。因而，他们两人可称为人工神经网络研究的先驱。

1945 年，冯·诺依曼领导的设计小组试制成功存储程序式电子计算机，标志着电子计算机时代的开始。1948 年，他在研究工作中比较了人脑结构与存储程序式计算机的根本区别，提出了以简单神经元构成的再生自动机网络结构。但是，由于指令存储式计算机技术的发展非常迅速，迫使他放弃了神经网络研究的新途径，继续投身于指令存储式计算机技术的研究，并在此领域作出了巨大贡献。虽然冯·诺依曼是与普通计算机联系在一起的，但他也是人工神经网络研究的先驱之一。

20 世纪 50 年代末，F. Rosenblatt 设计制作了"感知机"，它是一种多层的神经网络。这项工作首次把人工神经网络的研究从理论探讨付诸工程实践。当时，世界上许多实验室仿效制作感知机，分别应用于文字识别、声音识别、声呐信号识别以及学习记忆问题的研究。

然而，这次人工神经网络的研究高潮未能持续很久，许多人陆续放弃了这方面的研究工作，这是因为当时数字计算机的发展处于全盛时期，许多人误以为数字计算机可以解决人工智能、模式识别、专家系统等方面的一切问题，使感知机的工作得不到重视；其次，当时的电子技术工艺水平比较落后，主要的元件是电子管或晶体管，利用它们制作的神经网络体积庞大，价格昂贵，要制作在规模上与真实的神经网络相似是完全不可能的；另外，在 1968 年一本名为《感知机》的著作中指出线性感知机功能是有限的，它不能解决如异感这样的基本问题，而且多层网络还不能找到有效的计算方法，这些论点促使大批研究人员对于人工神经网络的前景失去信心。20 世纪 60 年代末期，人工神经网络的研究进入了低潮。

知识小链接

电子管

　　电子管是一种最早期的电信号放大器件。早期应用于电视机、收音机等电子产品中，近年来逐渐被半导体材料制作的放大器和集成电路取代。但目前在一些高保真的音响器材中，仍然使用低噪声、稳定系数高的电子管作为音频功率放大器件。

　　随着人们对感知机兴趣的衰退，神经网络的研究沉寂了相当长的时间。20 世纪 80 年代初期，模拟与数字混合的超大规模集成电路制作技术提高到新的水平，完全付诸实用化，此外，数字计算机的发展在若干应用领域遇到困难。这一背景预示，向人工神经网络寻求出路的时机已经成熟。美国的物理学家 Hopfield 于 1982 年和 1984 年在美国科学院院刊上发表了两篇关于人工神经网络研究的论文，引起了巨大的反响。人们重新认识到神经网络的威力以及付诸应用的现实性。随即，一大批学者和研究人员围绕着 Hopfield 提出的方法展开了进一步的工作，形成了 20 世纪 80 年代中期以来人工神经网络的研究热潮。

　　神经网络的研究内容相当广泛，反映了多学科交叉技术领域的特点。目前，主要的研究工作集中在以下几个方面：

　　（1）生物原型研究。从生理学、心理学、解剖学、脑科学、病理学等生物科学方面研究神经细胞、神经网络、神经系统的生物原型结构及其功能机理。

（2）建立理论模型。根据生物原型的研究，建立神经元、神经网络的理论模型。其中包括概念模型、知识模型、物理化学模型、数学模型等。

（3）网络模型与算法研究。在理论模型研究的基础上构建具体的神经网络模型，以实现计算机模拟或准备制作硬件，包括网络学习算法的研究。这方面的工作也称为技术模型研究。

（4）人工神经网络应用系统。在网络模型与算法研究的基础上，利用人工神经网络组成实际的应用系统，例如，完成某种信号处理或模式识别的功能、构建专家系统、制成机器人等。

◎ 人脑与智慧机器人

机器、设备可以代替人的体力劳动；拖拉机可以代替农民耕地；起重机可以代替工人进行装卸……人们当然也会提出：是否可以用一种机器来代替人脑工作呢？

今天，由于近代数理逻辑、控制论、无线电电子学、生物学的飞跃发展，利用机器来代替人的脑力劳动这一远大理想，已逐渐变成现实。要模拟人脑创造出具有一定思考能力的电子计算机，首先就得模仿神经元创造出电子计算机的"基本元件"。目前，有些国家的科学工作者都在致力于这个课题的研究，并且也取得了一定的进展。他们已经制成了一些神经细胞的模型，其中最简单的一种是用半导体三极管装配起来的；也有由复杂集成电路组成的元件，它们具有活细胞的某些能力，能显示出活细胞的某些特性，例如对有关外界刺激的适应性等。

知识小链接

控制论

"控制论"一词最初来源希腊文，原意为"操舵术"。在哲学家柏拉图的著作中，经常用它来表示管理人的艺术。如今控制论是一门研究动态系统在变化的环境条件下如何保持平衡状态或稳定状态的科学。

有了人造"神经元"之后，第二步就得深入研究神经细胞之间的微妙联系，探索神经网状结构的综合本领，以及认识、记忆、推理、判断等种种意识活动的细节。不难想象研究活的大脑内部的种种物理、化学、生物学过程，直到能用科学来精确地表达它们是多么困难！但是，这项研究工作也取得了一定的进展。

现在，用于生产控制的电子计算机，能够接收、研究和判断外界生产条件，做出适宜的选择后发出信号，控制生产在最好的条件下进行。电子计算机和以前所有的机器都不同：一般的机器，不论威力多么大，不论多么精巧，从本质上来说，仅能代替体力劳动；而电子计算机却能在一定程度上代替人脑进行非创造性的脑力劳动。目前，不仅有精通快速运算的会解答各种数学问题的电子计算机，而且也出现了具有初步判断、比较、记忆和"思考"能力的各种电子计算机。所以，有时人们又管它们叫作"电脑"。

◉▶ 人工创造新生物——遗传工程简介

俗话说："庄稼一枝花，全靠肥当家。"在肥料中，氮肥又是最重要的一种。各种庄稼在生长过程中都需要大量的氮肥。可偏偏大豆、花生等豆科作物却可以少施氮肥，甚至不施氮肥，也会长得很好。这是为什么呢？原来豆科作物都有许多"小化肥厂"。这些"小化肥厂"就是生长在它们根部的大批根瘤菌。根瘤菌有个特殊的本领——固氮。它们能够把空气中的氮气收集起来，制造成氨，不断地供给豆科作物使用。

除了豆科作物，其他农作物像小麦、水稻、玉米、高粱等，都没有这样的"小化肥厂"，要想获得高产，就要施大量的氮肥。有没有一种办法，让这些禾本科的作物自己制造氮肥，自给自足？在出现了"遗传工程"这门新科学以后，这种幻想才有了实现的可能。

◎ 什么是遗传工程

"遗传"说的是生物方面的事；"工程"说的是建筑方面的事。"遗传"和"工程"怎么连在一起呢？难道人们可以像设计新的建筑物那样，来设计新的生物吗？

不错，正是这样。遗传工程这门新科学，要做的就是这件事。大家都知道，各种生物都跟它们的上一代基本相同，也能生出和它们基本相同的下一代来，这种现象叫作遗传。但是，下一代跟上一代又不可能完全相同，总会发生一些极细微的差异，这种现象叫作变异。那么，遗传和变异是由什么决定的呢？经过科学分析，现在已经断定，这种物质就是核酸。核酸主要集中在每个细胞核里。生物的下一代接受了上一代的核酸，这些核酸对它们的生长和发育起着决定性的作用。所以只要深入研究核酸的化学结构，就可以揭开遗传和变异的奥秘。

核酸是一种非常复杂的化合物，它有 2 种：一种是脱氧核糖核酸，通常用 DNA 代表；另一种是核糖核酸，通常用 RNA 代表。我们就以脱氧核糖核酸来说吧，它是一种高分子长链多聚物，一个分子是由几十个到几十亿个以上的核苷酸组成的。核苷酸又可以分成 4 种类型，这 4 种类型的核苷酸的排列次序不同，就决定了各种生物的遗传性。核苷酸好比电报字码，电报字码虽然不多，编排顺序却可以千变万化，每一组不同的字码编排代表一个中文意思。同样的道理，核苷酸虽然只有 4 种类型，成千上万个核苷酸排列顺序的不同，就成了不同的遗传基因。正因为核苷酸的排列顺序类似电报密码，人们就把它称作"遗传密码"。生物就靠脱氧核糖核酸分子长链上的各种不同的"遗传密码"，保证遗传性状一代一代地传递下去。如果"遗传密码"出了一点错误或遗漏，必然会影响下一代的生长发育而发生变异。

既然遗传基因就在脱氧核糖核酸分子长链上，那么，人们如果识别了这些密码，能不能通过增添或除去一些基因，有目的地改造生物呢？遗传工程就是根据这种设想产生的。它用类似工程设计的办法，先对生物进行设计，把一种生物体内的脱氧核糖核酸分子分离出来，经过人工"剪切"，重新组合，再放到另一种生物的细胞里，使这种生物具有某些新的结构和功能。

◎ 人工创造生物新品种

大家知道，培育优良品种是提高粮食产量和质量的重要途径。目前最有效的育种方法是有性杂交。但是，这种方法只能在同种生物之间或者亲缘关系很近的生物之间才能进行，亲缘关系远的生物，如禾本科作物小麦和豆科作物大豆就不能杂交，因为它们的生殖细胞不能结合。

"遗传工程"不受这个限制。目前科学家们想把豆科作物的根瘤菌里能固氮的基因取出来，移植到生活在小麦、水稻、玉米这些作物根旁边的细菌里去，使这些细菌也有固氮的本领。这种本领能一代一代传下去，不断地供给植物氮肥。

科学家们还准备采取另外一种办法，干脆不用细菌帮忙，直接把根瘤菌的固氮基因移植到小麦、水稻、玉米这些作物的细胞里去，使它们自己就能固氮。如果这个办法成功了，就等于给作物办了一个"小化肥厂"。

◎ 让细菌给我们制药

遗传工程在工业生产上，也将产生很大的影响。我们来举一个例子：治疗糖尿病的胰岛素，目前是从猪、牛等牲畜的胰腺中提取出来的。一吨胰腺只能生产半两多一点的胰岛素，远远跟不上糖尿病病人的需要。如果我们把胰腺细胞里产生胰岛素的基因移植到大肠杆菌里去，就能使大肠杆菌产生胰岛素。

知识小链接

胰岛素

胰岛素是由胰岛 β 细胞受内源性或外源性物质如葡萄糖、乳糖、核糖、精氨酸、胰高血糖素等的刺激而分泌的一种蛋白质激素。胰岛素是机体内唯一降低血糖的激素，同时能够促进糖原、脂肪、蛋白质合成。

大肠杆菌的繁殖比高等生物快得多，在合适的条件下，繁殖一代只要 25 分钟，最多也不超过 2 小时。这项试验一旦成功，胰岛素的产量就可以大大增加，成本也可以大大降低。

尚待开发的新能源——人体能

我们人类自身也和其他动物一样，在生命的整个过程都产生热能，这就给科学家开辟了一种尚待开发的新能源——人体能。

经精确测算：一个人在一昼夜浪费的能量，如转化为热能，可以把等于他体重那么多的水由 0℃ 加热到 50℃。一个人在一生中有 1/3 以上的能量浪费了。如果将世界上所有人的这些能量加起来，相当于 10 座核电站发出来的电力。为此，科学家积极设法利用人体能。

最近，美国的一家电信电话公司设计、建造了一座新颖的办公大楼。它利用在大楼里工作的 3000 多职工散发的热能，收集转换为电能，用来照明、打字，甚至还用来调节室内的温度，使之保持在 18℃ ~ 29℃。美国一家超市的出入口，装有转动门，地下室有一套能量收集器、转换器等装置。顾客在进出时推动转门的能量即被收集起来。由于每天顾客很多，每年可以为该超市提供很大的一部分电力。

现在，已有人研制出一种温差电池，可以把人的体热转变成电能，供随身携带的收音机或微型电视机使用。这些小型电子装置不要附加电源，全由人自身的热能供给，因此携带十分方便。可以设想，它的使用前景相当远大！